模糊时间序列预测方法及其应用

主 编 程 燕 王 鹏 王 敏 田宗浩

合肥工业大学出版社

图书在版编目(CIP)数据

模糊时间序列预测方法及其应用/程燕等主编. —合肥:合肥工业大学出版社,2020.8

ISBN 978 - 7 - 5650 - 4931 - 6

Ⅰ.①模… Ⅱ.①程… Ⅲ.①时间序列分析—数学模型 Ⅳ.①O211.61

中国版本图书馆 CIP 数据核字(2020)第 124007 号

模糊时间序列预测方法及其应用

程 燕 等主编   责任编辑 张择瑞 汪 钵

出 版	合肥工业大学出版社	版 次	2020 年 8 月第 1 版
地 址	合肥市屯溪路 193 号	印 次	2020 年 9 月第 1 次印刷
邮 编	230009	开 本	880 毫米×1230 毫米 1/32
电 话	理工编辑部:0551 - 62903204	印 张	4.25
	市场营销部:0551 - 62903198	字 数	100 千字
网 址	www.hfutpress.com.cn	印 刷	安徽昶颉包装印务有限责任公司
E-mail	hfutpress@163.com	发 行	全国新华书店

ISBN 978 - 7 - 5650 - 4931 - 6   定价：20.00 元

如果有影响阅读的印装质量问题,请与出版社市场营销部联系调换。

编 委 会

前　　言

模糊时间序列模型在处理不确定性数据预测问题时具有独特的优势,同时,在经济、文化、卫生等领域有着广泛的应用。当前针对模糊时间序列的研究刚刚起步,仍处于不断发展和完善之中,现有模型的主要难点在于论域划分、数据模糊化以及模糊逻辑关系的建立等。为此,本书拟应用所得的理论,对上述三个方面进行分析,以提高模型的预测准确度,增强模型的可解释性,并探讨模糊时间序列的实际应用,为决策提供理论依据。

全书共有以下两部分内容。

第一部分包括第 1 章和第 2 章,首先对模糊时间序列相关理论、方法进行归纳梳理,为后续内容奠定基础。

第二部分包括第 3 章至第 5 章,主要对非等分论域划分、广义模糊逻辑关系定阶和数据模糊化等方面进行分析,以提高预测精度。

在第 3 章,结合算法融合思想,运用融合算法对论域进行非等分划分,建立了基于 k-均值和粒子群算法的模糊时间序列模型。通过算例验证了该方法的有效性和可行性,预测精度的提高较为显著。

在第 4 章,充分利用样本数据的隶属度信息,将其作为预测过程中的权重,提出了基于加权的广义模糊时间序列预测模型。通过合理设置阈值 λ,遴选出影响因素,建立了基于 λ-截集的广义模糊时间序列预测模型,解决了传统广义模糊时间序列模型中逻辑关系阶数主观确定、可解释性差等问题。

在第 5 章,为了解决普通模糊化隶属度单一的问题,给出样本数据直觉模糊化的方法,并利用记分函数描述样本数据对模糊集的隶属情况,提出了直觉模糊化的广义模糊时间序列预测模型。结果表明,直觉模糊化能很好地描述数据"非此非彼"的不确定性,得到比同类模型更好的预测结果。

全书针对模糊时间序列模型的热点、难点问题,采用算法融合、λ-截集和直觉模糊化等方法,提出了改进模型,验证了这三个方法在模型中应用的优势,丰富和发展了模糊时间序列理论,拓展了其应用范围,为解决不确定预测问题提供了理论依据。

目　　录

第1章 绪 论

1.1 模糊时间序列预测方法的背景

时间序列分析方法的两个主要方向是时间序列模型的建立和预测。现实生活中的时间序列随处可见,如果能够充分挖掘出序列中的内在规律,建立合适的模型对未来做出预测,就可以为人们认识和理解时间序列所反映的现象提供理论支持,为人们做出反应提供决策依据。经过近九十年的发展,传统的时间序列分析模型在处理现实问题中表现出了较强的实用性,具备坚实的理论基础,但对于存在亦此亦彼、模糊不确定的现象和事实,传统的时间序列分析并不能取得较好的预测效果。为了更好地处理带有不确定、模糊语言变量的问题,Zadeh教授提出了模糊集理论,这为模糊时间序列理论的发展提供了理论支撑。因此,为解决更为一般的时间序列问题,模糊时间序列预测方法吸引着越来越多学者的眼球,扩充了时间序列分析的研究范围。

模糊时间序列预测方法的基本思想:在数据不精确或者用语言描述的序列中,用模糊集表示历史数据,用模糊逻辑关系描述序列的动态变化趋势,然后借助模糊推理,以此得到理想的预测结果。大量的文献表明,论域划分、数据模糊化以及模糊逻辑关系的建立等是该方法的发展趋势和热点。为此,本书通过优化改进这些方面,以达到降低运算复杂度和提高预测模型精度的目的,同时丰富模糊时间序列理论。

现今,模糊时间序列方法在处理自然科学、工程技术和社会科学等领域的问题中已取得显著成效,并在处理不确定性数据预测问题中具有得天独厚的优势。然而,由于它的发展历史较短,不同的领域对它的要求千差万别,随着应用的深入,还有很大的发展空间。本书拟在传统方法的基础上,分别讨论论域划分、数据模糊化以及模糊逻辑关系的建立等对预测精度的影响,并对建模过程进行相应的改进,这些问题的解决提高了模糊时间序列方法的预测精度,并在该理论的基础上,推动其在入学人数、股票以及日平均气温预测等方面的应用,以丰富发展模糊时间序列理论。

随着模糊时间序列方法的不断发展,其应用范围越来越广泛。从自然界到人类社会,从自然科学、工程技术到社会科学等,模糊、不确定的现象无处不在,正是由于模糊现象的普遍性,模糊时间序列方法才被不断应用于经济、文化、卫生等领域,并将在分析不确定性的数据预测问题时持续发挥更重要的作用。

1.2 模糊时间序列预测方法简介

传统的时间序列预测方法的有效性很大程度上依赖于严格的条件和精确的历史数据,对于那些存在不确定性的历史数据,传统的时间序列预测方法并不能得到理想的预测结果。例如,对于股票用"暴涨""中阳""暴跌",天气用"寒冷""炎热""凉爽"等语言变量组成的传统的时间序列预测方法并不能很好地处理。Zadeh 教授于 1965 年首次提出用模糊集来描述现实生活中的不确定现象,为处理带有模糊性和不确定性的时间序列及由语言变量构成的时间序列模型提供了理论支持。1993 年,Song 和 Chissom 大胆地将 Zadeh 教授提出的模糊集理论和时间序列分析结合起来,开创性地提出了模糊时间序列(Fuzzy Time Series,FTS)预测模型,为人们探讨带有不确定性和由语言变量组成的时间序列提供了新的思路。

FTS 是主要用区间理论和时间序列分析的方法,将事物的变化趋势视为依托时间关系的演化结果,忽略影响事物发展的内在复杂因素,提升了处理不确定性预测问题的能力。分析发现,众多的模型基本都是在 Song 和 Chissom 提出的传统四步预测框架上建立起来的,其过程为:

(1)论域的确定和划分;

(2)数据模糊化;

(3)依据训练数据的先后顺序,建立模糊逻辑关系和模糊逻辑关系矩阵;

(4)预测去模糊化。

自从 Song 和 Chissom 提出模糊时间序列模型后,众多的专家学者逐渐聚焦到该模型的研究分析中,其理论探讨的内容主要集中在模型的改进和应用预测两个方面,目的就是降低模型的运算复杂度和扩展模型的应用领域。笔者通过阅读大量的文献发现,许多的成果主要集中在论域划分、数据模糊化以及模糊逻辑关系的建立等方面,下面依次从这三个方面对模糊时间序列预测方法的现状与基础进行论述。

1.2.1 论域划分方面

大量工作表明,论域划分影响着模型的预测精度。在论域划分方面,现有成果主要集中在等分论域划分和非等分论域划分。其中,等分论域划分方法最早以 Song、Chen 和 Lee 早期模型为代表,依据观测值的最大值和最小值,通过上下取整来确定论域的范围,随后依据研究者对问题的认识,主观确定要划分的模糊子区间的个数,将论域平均划分。这种方法简单、方便、计算复杂度低。但是这种论域划分的模型预测精度不高,并且划分的区间个数主观性较大,每个子区间对应的模糊概念的语义解释起来比较牵强,不易用自然语言所表达。2001 年,Huarng 利用样本数据分布长度和平均长度的方法对论域进行等分划分,克服了主观定义模糊子集个数的等分论域方法不能合理考虑数据结构特征的缺点,同时也使越来越多的学者意识到论域划分的长度严重影响着模型的预测精度。为了充分考虑数据的结构特征和挖掘数据内部的相关信息,一些专家学者不断将目光转移到非等分论域划分上。

起初,一些学者依据样本数据的分布情况对论域进行划分,这种划分方法可解释性强,容易被人们所接受。例如,Huarng 和 Yu 利用样本数据之间的绝对偏差,提出了基于比率的非等分论域划分,但是比率的大小很难确定,选取不当同样会出现不同的数据聚集在同一个模糊区间的现象,十分不利于数据的模糊化。为此,Jilani 在等分论域划分的基础上提出了基于频率密度的二分论域划分方法,通过分析样本数据在每个等间隔子区间内的分布情况,再次对论域细分,充分反映了数据的结构特征。2012 年,曲宏巍提出利用多尺度比率对论域进行划分,初莹莹在文献[16]的基础上,减少了多尺度论域划分中的参数,对论域的划分边界进行了相应的优化,更直观地反映了数据的结构特征。虽然这样的划分精度较高,但是模糊子区间的个数也相对较多,区间对应的模糊集在语义上的描述比较牵强。

近年来,随着优化算法的不断发展,他们以预测结果的误差为目标函数来寻找最优的论域划分。例如,文献[18-19]用神经网络,文献[20-21]用单变量约束优化算法以及文献[22-24]用遗传算法等来对论域进行划分,对应的模型均获得了较好的预测结果。虽然这些方法的预测精度在一定程度上有很大的提升,但是论域划分结果可解释性较差,不易用自然语言描述。为此,一些学者提出利用优化算法对观测样本进行聚类分析,以此划分论域。例如,文献[25-26]提出的自动聚类技术,王国徽、姚俭利用 k-均值算法以及文献[28-35]提出的模糊 C-均值聚类等,都对论域进行了合理的划分。为了提高聚类的合理性,一些智能优化算法也逐渐被应用到聚类过程中,Kuo(2009)[36] 提出了利用粒子群算法(Particle Swarm Optimization,PSO)对论域划分进行优化;文献[37-39]分别对 PSO 的参数进行优化,进一步提高了模糊时间序列模型的预测精度;Egrioglu 提出用改进的遗传算法对论域进行划分,取得了较好的划分结果。这类论域划分方法形象直观,具有较强的可解释性,易于被人们接受。但是专家学者经过大量的研究发现,没有任何一种算法可以处理所有的问题,每种算法都会存在自身的局限性,而综合运用各种算法的优势,通过算法融合可以实现高效地处理问题。因此,利用智能优化算法以及算法之间融合的方法进行论域划分已经成为当前的发展热点。

1.2.2 数据模糊化方面

数据模糊化是描述样本不确定性的重要环节,传统的 FTS 模型的数据模糊化都是人为地用三角模糊隶属函数进行定义,$x(t)$ 对 u_i 两边子区间的隶属度(Grade of Membership)呈递减趋势。大量的研究表明,当样本数据之间的差别不是很大时,不同的观测值就会落在相同的模糊子区间,不能充分体现样本数据的结构特征。为此,文献[28]提出了一种基于距离定义的数据模糊化方法,合理地描述了样本数据对模糊子区间的隶属情况,提高了模型的预测精度。但是当论域采用非等分划分方法时,文献[27]的数据模糊化方法就可能不满足三角隶属函数的性质,因此,文献[28]对基于距离的隶属函数进行改进,保证了在任何论域划分情况下 $x(t)$ 对 u_i 两边子区间的隶属度呈递减趋势。

随着人们对 FTS 模型探索的不断深入,FTS 的局限性也逐渐突显出来:首先,普通模糊集的隶属度比较单一,不能形象地反映信息的含糊、不确定性;其次,传统的 FTS 预测方法主要依据模糊逻辑关系的对应规则预测结果属性,忽略了预测值的随机依赖性,不能正确反映数据之间的随机变化特性。文献[41]首次提出直觉模糊集(Intuitionistic Fuzzy Set,IFS)的定义,它通过增加一个非隶属度参数来描述事物"非此非彼"的模糊特性,使客观世界的模糊本质被更加形象地描述出来,为处理含有不确定信息的问题提供了新的思路。2007 年,Oscar 等首次将直觉模糊集推理融入时间序列的分析中去,通过隶属度和非隶属度两个推理系统的加权预测对问题进行分析。2012 年,Joshi 在数据模糊化中引入一个犹豫度因子,分别确定观测值对每个模糊子区间的隶属度和非隶属

度,初步建立了基于直觉模糊化的模糊时间序列模型,为提高 FTS
预测精度提供了新的方向。但是在文献[43]中的数据直觉模糊化
过程中,隶属度和非隶属度之和总大于 0.8,这一问题值得进一步
分析。为此,2013 年,黎昌珍等依旧采用单一隶属度的方法对数据
进行模糊化,但是在模糊关系中增加犹豫度因子,将时变的 FTS 推
广到时变的直觉模糊时间序列模型。另外,郑寇全等提出了一种
基于 IFCM(Intuitionistic Fuzzy C - Means)聚类的时序预测模型,
通过直觉模糊 C -均值聚类对论域进行非等分划分,充分考虑数据
的结构特征,并得到样本数据对每个模糊子集的隶属度和非隶属
度,增强了模型的可解释性。虽然这些成果提高了 FTS 的预测精
度,但是模型缺乏标准的定义和相关的理论基础,尤其在样本数据
直觉模糊化和模糊逻辑关系建立规则方面相对薄弱。

1.2.3　模糊逻辑关系的建立方面

模糊逻辑关系描述了 FTS 中各个状态之间的变化关系,文献
[7 - 11]总结分析了三种传统模糊逻辑关系矩阵的建立方法,许多
关于模糊逻辑关系矩阵的成果也基本上是在上述三种方法的基础
上进行改进。分析发现,以往模型在计算出观测值对每个模糊集
的隶属度后,仅考虑最大隶属度所对应的模糊状态,这时建立的一
阶模糊逻辑关系矩阵,并没有充分利用观测样本数据隶属于各个
模糊状态的隶属度,这样的处理方式显然会丢失掉一些有用的信
息。为此,文献[51]依据样本数据对每个模糊子集的隶属度,设定
要考虑的隶属度个数,建立加权模型,提高了模型的预测精度。但
是模型中仅用最大隶属度对应的模糊逻辑关系矩阵表示不同隶属
度对应模糊状态之间的转化关系,其他隶属度对应的模糊状态的

转换关系是否一成不变值得更加深入地进行分析。同年,邱望仁在其论文中首次提出了广义模糊时间序列模型的概念,并给出了其相应的定义。广义模型与文献[51]中的加权模型的不同之处在于,其充分利用选定的隶属度对应的模糊状态,而且还以此建立了不同层次的模糊逻辑关系,但是忽略掉了要考虑模糊状态的隶属度值大小。2016 年,王庆林也建立了基于 GA 算法的广义模糊时间序列预测模型,在旅游需求预测中取得了良好的效果。但是通过分析发现,文献[51 - 52]中要考虑隶属度的个数是人为主观确定的,当考虑的隶属度个数一定时,如果样本数据对模糊集的隶属度太小,那么它们的引入不仅会增加模型的复杂度,而且还会降低预测精度。为此,在广义模糊逻辑关系的研究方面也存在很大的探索空间。

1.3　本书主要内容

针对国内外对 FTS 的研究现状,本书主要从论域划分、广义模糊逻辑关系定阶以及数据模糊化等三个方面对模糊时间序列预测方法进行改进,并通过实例对改进模型的科学性和有效性进行验证。

其具体工作有以下几个方面:

(1)介绍模糊时间序列理论的发展背景以及国内外的发展现状,阐述传统模糊时间序列理论的基本概念和理论研究热点,并对传统模糊时间序列预测方法的建模过程进行论述。

(2)研究算法融合对论域划分的影响,建立基于 k - 均值和粒子群混合算法的模糊时间序列预测方法。分析了 k - 均值和 PSO

在论域划分中的优点和不足,通过算法融合,给出 k-均值和粒子群融合算法的具体流程,将结论运用到模糊时间序列预测模型的论域划分中去,再通过典型的 Alabama 大学入学人数和上证指数对模型的可行性进行验证。将建立的模型应用到日平均气温的预测中,得到良好的预测效果,为人们合理安排生产生活提供了有效依据。

(3)对传统广义模糊时间序列预测方法进行改进。在传统广义模型中,仅利用样本数据对每个模糊子集的隶属度来确定样本数据最有可能隶属的模糊状态,并且根据要考虑的隶属度个数建立广义模糊逻辑关系矩阵,而对隶属度的大小并不关心。为此,建立了基于加权的广义模糊时间序列预测模型,充分考虑样本数据对模糊集的隶属度信息,很大程度上提高了模型的可解释性和预测精度;另外,传统广义模型在确定要考虑的隶属度个数时主观性太强,结合模糊集截集的性质,提出利用 λ-截集来确定对模型预测结果影响较大的因素,建立基于 λ-截集的广义模糊时间序列模型。

(4)在第 4 章改进广义模型的基础上,分析数据模糊化对模型预测精度的影响。普通模糊集利用隶属度描述了样本数据"亦此亦彼"的模糊特性,而随着人们对事物认识的深入,在表达一些问题时会出现一定的犹豫性。为此,结合直觉模糊集的性质,在样本数据模糊化中增加一个犹豫度因子,以此来描述事物"非此非彼"的模糊特性。样本数据直觉模糊化后,如何确定样本数据对各个模糊集隶属程度成为一个难点。受到记分函数思想的影响,提出利用记分函数值来描述样本数据对模糊集的隶属程度,建立了基于直觉模糊化的广义模糊时间序列预测模型,详细介绍了改进模型的具体过程,并通过数值算例验证了改进模型的可行性。

第2章 模糊时间序列理论基础

本章重点介绍与本书有关的一些理论知识,主要涵盖模糊集理论的概念、运算以及模糊时间序列的定义和模型的建模过程。其中,模糊集理论重点介绍模糊概念、模糊运算、模糊逻辑关系以及模糊推理等基础理论知识;模糊时间序列理论主要介绍模糊时间序列的定义以及传统模型的基本框架,以便为后续的模型改进研究提供理论支撑。

2.1 模糊集理论

19 世纪末,德国数学家 G. Cantor 首次提出了集合理论,其将集合与元素之间的关系简单地描述为"非此即彼"的关系,即特征函数只取{0,1}两个值。集合理论由于其特殊表达方式,简化了问题的研究难度,逐渐被应用到数学的各个分支,并在各个领域发挥着不可替代的作用。但是,现实社会中精确的现象并不是每时每刻都存在,有一些问题存在着亦此亦彼、模糊不确定。例如"人的高矮胖瘦""股票的涨跌"和"温度的冷暖"等,这些问题不能简单地用"非此即彼"的概念来描述。为此,Zadeh 教授于 1965 年提出了模糊集理论,对 Cantor 集合做了有益的推广,其将集合与元素之间的关系更加形象地描述为"亦此亦彼",即元素的特征函数由$\{0,1\}$集合推广到闭区间$[0,1]$。

2.1.1 普通模糊集的定义和表示方法

集合是指具有某种特定属性,彼此之间可以相互区分的对象全体。每个集合由若干个元素组成,同一个集合中的元素具有某种相似的特征,被讨论的全体对象称为论域。模糊集理论逐渐被专家学者所接受的最突出的一个优点就是利用隶属函数来模拟和描述人的思维方式,它突破传统二值逻辑的限制,可以用闭区间$[0,1]$内的任意值作为特征函数来表征一个元素是否属于某个模糊集,更加形象地反映了客观事物差异的不分明性。

定义 2.1 假设 X 为一个普通的非空集合,其模糊子集 $\widetilde{A}$ 定义为:

$$\widetilde{A} = \{(x, \mu_{\widetilde{A}}(x)) \mid x \in X\} \qquad (2-1)$$

其中 $\mu_{\widetilde{A}}(x)$ 表示 x 对 $\widetilde{A}$ 的隶属度,$\mu_{\widetilde{A}}(x) \in [0,1]$,映射

$$\widetilde{A}(\cdot) \text{ 或 } \mu_{\widetilde{A}}(\cdot): X \to [0,1], x \mapsto \mu_{\widetilde{A}}(x)$$

称为模糊集 $\widetilde{A}$ 的隶属函数(Membership Function)。

论域 X 上的全体模糊子集所构成的集合记为 $F(X)$,当 $\widetilde{A} \in F(X)$,如果 $\mu_{\widetilde{A}}(x)$ 的取值越趋向于1,表示 x 隶属于 $\widetilde{A}$ 的程度越大;如果 $\mu_{\widetilde{A}}(x)$ 的取值越趋向于0,表示 x 隶属于 $\widetilde{A}$ 的程度越小。当 $\widetilde{A} \in F(X)$,$\mu_{\widetilde{A}}(x)$ 的取值为$\{0,1\}$时,模糊集 $\widetilde{A}$ 就退化为 Cantor 集合。由此可知,Cantor 集合是模糊集合的特殊表达形式,而模糊集合又是 Cantor 集合的有效推广。

定义 2.2 假设 $F(X)$ 为 X 上模糊集合的全体，则 $\widetilde{A} \in F(X)$，对 $\forall \lambda \in [0,1]$，记

$$(\widetilde{A})_\lambda = A_\lambda = \{x \mid \mu_{\widetilde{A}}(x) \geqslant \lambda\} \qquad (2-2)$$

为 $\widetilde{A}$ 的 λ -截集（λ - Cutset）

$$A_\lambda = \{x \mid \mu_{\widetilde{A}}(x) > \lambda\} \qquad (2-3)$$

为 $\widetilde{A}$ 的 λ -强截集（Strong λ - Cutset），称 λ 为阈值（Threshold Value）或者置信水平（Belief Level）。

截集是普通模糊集和 Cantor 集合之间彼此相互转化的一个重要概念，通过设定一个阈值 $\lambda(0 \leqslant \lambda \leqslant 1)$，将隶属度 $\mu_{\widetilde{A}}(x) \geqslant \lambda$ 的元素挑选出来，这样模糊集就转化成为一个经典集合。

假设 $\widetilde{A} \in F(X)$，

当 $\lambda = 0$ 时，$A_0 = \{x \mid \mu_{\widetilde{A}}(x) > 0\} = \sup \widetilde{A}$；

当 $\lambda = 1$ 时，$A_1 = \{x \mid \mu_{\widetilde{A}}(x) = 1\} = \ker \widetilde{A}$。

A_0 称为 $\widetilde{A}$ 的支集，A_1 称为 $\widetilde{A}$ 的核。

截集 A_λ 的示意图如 2-1 所示。

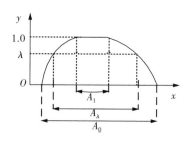

图 2-1　截集 A_λ 示意图

从图 2-1 中可以形象地看出，论域 X 中隶属于模糊集合 $\widetilde{A}$ 的

所有元素构成的集合用支集 A_0 表示;论域 X 中隶属于模糊集合 $\widetilde{A}$ 的隶属度为 1 的所有元素构成的集合用核 A_1 表示;截集 A_λ 表示论域 X 中对于模糊集合 $\widetilde{A}$ 的隶属度大于或等于 λ 的所有元素构成的集合。

假设论域 X 是一个限集 $X = \{x_1, x_2, \cdots, x_n\}$, $\widetilde{A}$ 是 $F(X)$ 上的一个模糊子集,每个元素对 $\widetilde{A}$ 的隶属度为 $\mu_{\widetilde{A}}(x)$,则 $\widetilde{A}$ 的常用的表示方法有以下四种形式:

(1)Zadeh 表示法

$$\widetilde{A} = \frac{\mu_{\widetilde{A}}(x_1)}{x_1} + \frac{\mu_{\widetilde{A}}(x_2)}{x_2} + \cdots + \frac{\mu_{\widetilde{A}}(x_n)}{x_n} = \sum_{i=1}^{n} \frac{\mu_{\widetilde{A}}(x_i)}{x_i} \qquad (2-4)$$

当论域 X 是一个无限集时,则

$$\widetilde{A} = \int_X \frac{\mu_{\widetilde{A}}(x)}{x} \qquad (2-5)$$

其中, $\sum$ 和 $\int$ 不是求和与积分符号,仅仅代表一个记号。

(2)序对表示法

$$\widetilde{A} = \{(x, \mu_{\widetilde{A}}(x)) \mid x \in X\} \qquad (2-6)$$

(3)向量表示法

$$\widetilde{A} = (\mu_{\widetilde{A}}(x_1), \mu_{\widetilde{A}}(x_2), \cdots, \mu_{\widetilde{A}}(x_n)) \qquad (2-7)$$

其中,在表示法(1)和(2)中,当遇到隶属度为 0 的项时,对应的项可以省略。而表示法(3)中,隶属度按照括号内的顺序排列,当隶属度为 0 时,对应的项不能够被省略。

(4)隶属函数表示法

隶属函数表示方法就是当论域确定以后,根据研究问题的实际意义和产生模糊现象的客观原因,直接给出模糊子集隶属函数的解析表达式,直观地表示对象的特征和规律。

例:五个整数组成一个集合,论域 $X = \{1,2,3,4,5\}$,"接近于 3"为一个模糊概念,论域 X 中每个元素接近于 3 的程度分别为 $0.2,0.5,1.0,0.5,0.2$,下面分别用四种方法表示"接近于 3"这一模糊概念。

(1)Zadeh 表示法

$$\widetilde{A} = \frac{0.2}{1} + \frac{0.5}{2} + \frac{1.0}{3} + \frac{0.5}{4} + \frac{0.2}{5}$$

(2)序对表示法

$$\widetilde{A} = \{(1,0.2),(2,0.5),(3,1.0),(4,0.5),(5,0.2)\}$$

(3)向量表示方法

$$\boldsymbol{\widetilde{A}} = (0.2,0.5,1.0,0.5,0.2)$$

(4)隶属函数表示方法

$$\mu_{\widetilde{A}}(x) = (1 + (x-3)^2)^{-1}$$

同 Cantor 集合类似,定义 2.3 列出了模糊集之间的几种基本运算。

定义 2.3 假设 $\widetilde{A}$ 和 $\widetilde{B}$ 为 $F(X)$ 上的模糊子集,$x \in X$,则

$$\mu_{(\widetilde{A} \cup \widetilde{B})}(x) = \max\{\mu_{\widetilde{A}}(x),\mu_{\widetilde{B}}(x)\} = \mu_{\widetilde{A}}(x) \bigvee \mu_{\widetilde{B}}(x);$$

$$\mu_{(\widetilde{A} \cap \widetilde{B})}(x) = \min\{\mu_{\widetilde{A}}(x),\mu_{\widetilde{B}}(x)\} = \mu_{\widetilde{A}}(x) \bigwedge \mu_{\widetilde{B}}(x);$$

$$\mu_{(\widetilde{A})^c}(x) = 1 - \mu_{\widetilde{A}}(x)。$$

其中,$\bigvee$ 和 $\bigwedge$ 分别为模糊数学中的取大、取小模糊算子。

定理 2.1 假设 $\widetilde{A}, \widetilde{B}$ 和 $\widetilde{C}$ 为 $F(X)$ 上的模糊子集,$x \in X$,则 $F(X)$ 上的并集、交集等运算满足以下性质:

(1)幂等律:$\widetilde{A} \bigcup \widetilde{A} = \widetilde{A}, \widetilde{A} \bigcap \widetilde{A} = \widetilde{A}$;

（2）交换律：$\widetilde{A} \bigcup \widetilde{B} = \widetilde{B} \bigcup \widetilde{A}, \widetilde{A} \bigcap \widetilde{B} = \widetilde{B} \bigcap \widetilde{A}$；

（3）结合律：$\widetilde{A} \bigcup (\widetilde{B} \bigcup \widetilde{C}) = (\widetilde{A} \bigcup \widetilde{B}) \bigcup \widetilde{C}$，

$\qquad\qquad \widetilde{A} \bigcap (\widetilde{B} \bigcap \widetilde{C}) = (\widetilde{A} \bigcap \widetilde{B}) \bigcap \widetilde{C}$；

（4）分配律：$\widetilde{A} \bigcup (\widetilde{B} \bigcap \widetilde{C}) = (\widetilde{A} \bigcup \widetilde{B}) \bigcap (\widetilde{A} \bigcup \widetilde{C})$，

$\qquad\qquad \widetilde{A} \bigcap (\widetilde{B} \bigcup \widetilde{C}) = (\widetilde{A} \bigcap \widetilde{B}) \bigcup (\widetilde{A} \bigcap \widetilde{C})$；

（5）吸收率：$\widetilde{A} \bigcup (\widetilde{A} \bigcap \widetilde{B}) = \widetilde{A}, \widetilde{A} \bigcap (\widetilde{A} \bigcup \widetilde{B}) = \widetilde{A}$；

（6）复原律：$(\widetilde{A}^{c})^{c} = \widetilde{A}$；

（7）0 - 1 律：$\widetilde{A} \bigcup \varnothing = \widetilde{A}, \widetilde{A} \bigcap \varnothing = \varnothing, \widetilde{A} \bigcup X = X, \widetilde{A} \bigcap X = \widetilde{A}$；

（8）对偶律：$(\widetilde{A} \bigcup \widetilde{B})^{c} = \widetilde{A}^{c} \bigcap \widetilde{B}^{c}, (\widetilde{A} \bigcap \widetilde{B})^{c} = \widetilde{A}^{c} \bigcup \widetilde{B}^{c}$。

关于定理 2.1 的证明请详见参考文献[54]。

2.1.2　直觉模糊集的定义和表示方法

在语义描述上，Cantor 集合表示了"非此即彼"的明确概念，Zadeh 模糊集描述了"亦此亦彼"的模糊概念。随着人们对客观世界的认识不断深入，逐渐发现在处理一些问题时存在犹豫性或者事物处在"非此非彼"的中立状态。为此，Atanassov(1986) 提出了直觉模糊集(Intuitionistic Fuzzy Set，IFS) 的概念，IFS 是对 Zadeh 教授提出的模糊集理论的扩展和补充，它通过增加一个非隶属度参数来描述事物"非此非彼"的模糊特性，其相应的数学描述更加符合客观世界的模糊本质，为处理不确定信息提供了新的研究思路。

定义 2.4　假设 X 为给定的论域，则 X 上的一个直觉模糊集为：

$$\widetilde{A} = \{\langle x, \mu_{\widetilde{A}}(x), \gamma_{\widetilde{A}}(x) \rangle \mid x \in X\} \qquad (2-8)$$

其中,$\mu_{\tilde{A}}(x):X \rightarrow [0,1]$,$\gamma_{\tilde{A}}(x):X \rightarrow [0,1]$分别表示直觉模糊集 $\tilde{A}$ 的隶属度函数和非隶属度函数,并且对于直觉模糊集 $\tilde{A}$ 上的所有 $x \in X$,总有 $0 \leqslant \mu_{\tilde{A}}(x) + \gamma_{\tilde{A}}(x) \leqslant 1$ 成立。

对于论域 X 上的一个直觉模糊集 $\tilde{A}$,$\pi_{\tilde{A}}(x) = 1 - \mu_{\tilde{A}}(x) - \gamma_{\tilde{A}}(x)$ 称为直觉模糊集 $\tilde{A}$ 中 x 的直觉指数,表示 x 对 $\tilde{A}$ 的一种不确定程度,也称为犹豫度。IFS 的隶属度 $\mu_{\tilde{A}}(x)$、非隶属度 $\gamma_{\tilde{A}}(x)$ 和直觉指数 $\pi_{\tilde{A}}(x)$ 分别反映了元素 x 隶属于 $\tilde{A}$ 的支持、反对和中立三种状态的程度。而普通模糊集可以表示为:

$$\tilde{A} = \{\langle x, \mu_{\tilde{A}}(x), 1 - \mu_{\tilde{A}}(x) \rangle \mid x \in X\}$$

直觉指数 $\pi_{\tilde{A}}(x) = 0$,它表示了 x 隶属于 $\tilde{A}$ 的支持和反对两种状态,并不能表示"非此非彼"的中立状态。由此可见,IFS 可以更好地表现出事物之间过渡的不确定性。

直觉模糊集是普通模糊集的扩展,其相应的一些基本运算和定义 2.3 类似,可以用隶属函数和非隶属函数之间的运算来定义。

定义 2.5 假设 $\tilde{A}$ 和 $\tilde{B}$ 为论域 X 上的任意直觉模糊集,则有:

(1)$\tilde{A} \bigcap \tilde{B} = \{\langle x, \mu_{\tilde{A}}(x) \wedge \mu_{\tilde{B}}(x), \gamma_{\tilde{A}}(x) \wedge \gamma_{\tilde{B}}(x) \rangle \mid \forall x \in X\}$;

(2)$\tilde{A} \bigcup \tilde{B} = \{\langle x, \mu_{\tilde{A}}(x) \vee \mu_{\tilde{B}}(x), \gamma_{\tilde{A}}(x) \wedge \gamma_{\tilde{B}}(x) \rangle \mid \forall x \in X\}$;

(3)$\tilde{A}^c = \{\langle x, \gamma_{\tilde{A}}(x), \mu_{\tilde{A}}(x) \rangle \mid \forall x \in X\}$;

(4)$\tilde{A} \subseteq \tilde{B} \Leftrightarrow \forall x \in X, \{\mu_{\tilde{A}}(x) \leqslant \mu_{\tilde{B}}(x)\} \wedge \{\gamma_{\tilde{A}}(x) \geqslant \gamma_{\tilde{B}}(x)\}$;

(5)$\tilde{A} \subset \tilde{B} \Leftrightarrow \forall x \in X, \{\mu_{\tilde{A}}(x) < \mu_{\tilde{B}}(x)\} \wedge \{\gamma_{\tilde{A}}(x) > \gamma_{\tilde{B}}(x)\}$;

(6)$\tilde{A} = \tilde{B} \Leftrightarrow \forall x \in X, \{\mu_{\tilde{A}}(x) = \mu_{\tilde{B}}(x)\} \wedge \{\gamma_{\tilde{A}}(x) = \gamma_{\tilde{B}}(x)\}$。

截集是连接模糊集合和 Cantor 集合之间关系的纽带,由于 IFS 中增加了非隶属度这一概念,其相应直觉模糊集的截集定义也会发生一定的变化。关于直觉模糊集截集的研究,不同的学者给出了不同定义,其中文献[55 - 56]占据主流趋势。

定义 2.6　假设 $\widetilde{A}$ 为论域 X 上的一个 IFS, λ_1 和 λ_2 为 $[0,1]$ 范围内的两个值,并且满足 $\lambda_1 + \lambda_2 \leqslant 1$,则:

$$
\begin{cases}
\widetilde{A}_{[\lambda_1,\lambda_2]} = \{x \mid x \in X, \mu_{\widetilde{A}}(x) \geqslant \lambda_1, \gamma_{\widetilde{A}}(x) \leqslant \lambda_2\} \\[2mm]
\widetilde{A}_{[\lambda_1,\lambda_2)} = \{x \mid x \in X, \mu_{\widetilde{A}}(x) \geqslant \lambda_1, \gamma_{\widetilde{A}}(x) < \lambda_2\} \\[2mm]
\widetilde{A}_{(\lambda_1,\lambda_2]} = \{x \mid x \in X, \mu_{\widetilde{A}}(x) > \lambda_1, \gamma_{\widetilde{A}}(x) \leqslant \lambda_2\} \\[2mm]
\widetilde{A}_{(\lambda_1,\lambda_2)} = \{x \mid x \in X, \mu_{\widetilde{A}}(x) > \lambda_1, \gamma_{\widetilde{A}}(x) < \lambda_2\}
\end{cases}
\tag{2-9}
$$

式(2-9)中各表达式分别称为直觉模糊集 $\widetilde{A}$ 的 $[\lambda_1,\lambda_2]$ 截集、$[\lambda_1,\lambda_2)$ 截集、$(\lambda_1,\lambda_2]$ 截集和 (λ_1,λ_2) 截集。当 $\lambda=1$ 时, $A_{\lambda=1}$ 称为直觉模糊集 $\widetilde{A}$ 的核, $A_{\lambda=1} = A_1 = \{x \mid \mu_{\widetilde{A}}(x) = 1, \gamma_{\widetilde{A}}(x) = 0\}$。

关于 IFS 的表示方法,可以仿照普通模糊集的四种表示方法,用隶属度和非隶属度两个值来代替用单一隶属度的表示方法,例如用 Zadeh 表示法表示为:

$$
\widetilde{A} = \frac{\langle \mu_{\widetilde{A}}(x_1), \gamma_{\widetilde{A}}(x_1) \rangle}{x_1} + \frac{\langle \mu_{\widetilde{A}}(x_2), \gamma_{\widetilde{A}}(x_2) \rangle}{x_2}
$$

$$
+ \cdots + \frac{\langle \mu_{\widetilde{A}}(x_n), \gamma_{\widetilde{A}}(x_n) \rangle}{x_n}
$$

其他表示方法类似。

例:五个整数组成一个集合,论域 $X = \{1,2,3,4,5\}$,"接近于 3"为一个模糊概念,论域 X 中每个元素接近于 3 的程度分别为 $\langle 0.2, 0.4 \rangle, \langle 0.5, 0.2 \rangle, \langle 1.0, 0 \rangle, \langle 0.5, 0.2 \rangle, \langle 0.2, 0.4 \rangle$,下面分别用四种方法表示"接近于 3"这一个模糊概念。

（1）Zadeh 表示法

$$\widetilde{A} = \frac{\langle 0.2,0.4 \rangle}{1} + \frac{\langle 0.5,0.2 \rangle}{2} + \frac{\langle 1.0,0 \rangle}{3}$$

$$+ \frac{\langle 0.5,0.2 \rangle}{4} + \frac{\langle 0.2,0.4 \rangle}{5}$$

（2）序对表示法

$$\widetilde{A} = \{(1,\langle 0.2,0.4 \rangle),(2,\langle 0.5,0.2 \rangle),(3,\langle 1.0,0 \rangle),(4,\langle 0.5,$$
$$0.2 \rangle),(5,\langle 0.2,0.4 \rangle)\}$$

（3）向量表示方法

$$\widetilde{A} = (\langle 0.2,0.4 \rangle,\langle 0.5,0.2 \rangle,\langle 1.0,0 \rangle,\langle 0.5,0.2 \rangle,\langle 0.2,0.4 \rangle)$$

（4）隶属函数表示方法

$$\langle \mu_{\widetilde{A}}(x),\gamma_{\widetilde{A}}(x) \rangle = \begin{cases} \mu_{\widetilde{A}}(x) = (1 + (x-3)^2)^{-1} \\ \gamma_{\widetilde{A}}(x) = (\mid 3-x \mid /5) \end{cases}$$

定理 2.2（分解定理） 设 $\widetilde{A} \in T(U)$，则 $\widetilde{A} = \bigcup\limits_{\lambda \in [0,1]} \lambda A_{\lambda}$。

定理 2.2 说明模糊集可由经典集表示，也建立了模糊集与经典集之间的转化关系。证明详见文献[54]。

IFS 形象地描述了数据"非此非彼"模糊特性，能够有效地处理不确定、不完备的粗糙信息，具有很大的发展潜力。大量的理论和实践表明，直觉模糊集相比普通模糊集至少有两大优势：

（1）在语义表述上，IFS 可以表示元素对集合支持、反对以及中立这三种状态，而普通模糊集仅能描述事物"亦此亦彼"的模糊特性，所以 IFS 可以更加形象地描述客观对象的自然属性。

（2）IFS 的合成计算精度、推理规则明显优于 Zadeh 模糊集，解释性更强。

2.1.3　模糊逻辑关系

大千世界中,事物之间存在着各种各样的关系,一些关系是明确的,例如"父子关系""血缘关系"等。但是更多关系表现出较为复杂的状态,不能单纯地用"有""无"来描述元素之间的这种关系,例如"相似关系""朋友关系"等。为此,这种不确定性的关系就可以用模糊关系,以此表示元素之间的某种相互关联程度。

(1)普通模糊逻辑关系

定义 2.7　假设 X,Y 为两个论域,则 X 与 Y 之间的模糊关系可以用 R 表示,那么 R 就是一个直集 $X \times Y = \{(x,y) \mid x \in X, y \in Y\}$ 上的模糊集:

$$\begin{cases} R \in F(X,Y) \\ R:X \times Y \to [0,1] \end{cases} \qquad (2-10)$$

其中,$R(x,y)$ 是 x,y 之间的关系程度。当 $X=Y$ 时,R 就是 X 上的模糊关系。如果 $R \in F(X_1,X_2,\cdots,X_n)$,则称 R 为论域 $X_1,X_2,\cdots,X_n$ 上的 n 元模糊关系。

定义 2.8　假设 $\mathbf{R}$ 是一个 $m \times n$ 矩阵,一个模糊子集 $\widetilde{A}$ 是论域 X 到 $[0,1]$ 上的映射,即

$$\mathbf{R} = (r_{ij})_{m \times n}, r_{ij} \in [0,1], 1 \leqslant i \leqslant m, 1 \leqslant j \leqslant n \qquad (2-11)$$

其中,称 $\mathbf{R}$ 为模糊关系矩阵,如果 $X=\{x_1,x_2,\cdots,x_m\}$,$Y=\{y_1,y_2,\cdots,y_n\}$,那么模糊关系矩阵 $\mathbf{R} = (r_{ij})_{m \times n}$ 就表示模糊二元关系 $\mathbf{R}$。

定义 2.9　假设 $R \in F(X,Y)$,$Q \in F(Y,Z)$,那么 R 与 Q 的合成(Composition Relation)记为 $R \circ Q$,表示 $X \times Z$ 上的一个模糊逻辑关系:

$$R \circ Q(x,z) = \bigvee_{y \in Y} \{R(x,y) \wedge Q(y,z)\}, \forall x \in X, z \in Z$$

$$(2-12)$$

其中,$\bigvee$ 和 $\bigwedge$ 分别为模糊数学中的取大、取小模糊算子。因此,式 (2-12) 称为"最大-最小"合成运算。当 R 是 X 与 X 之间的合成关系时,有

$$R^2 = R \circ R, R^n = R^{n-1} \circ R$$

利用模糊逻辑关系的合成运算研究事物之间的变换规律,可直观地表示事物之间的模糊相关性。

(2) 直觉模糊逻辑关系

IFS 增加了一个非隶属度函数,因此它的模糊关系也应该是一个直觉模糊集合。为此,对直觉模糊关系进行如下定义。

定义 2.10 假设 X, Y 为两个论域,定义在直集空间 $X \times Y$ 上 X 到 Y 的二元直觉模糊关系为:

$$R = \{\langle (x,y), \mu_R(x,y), \gamma_R(x,y) \rangle \mid x \in X, y \in Y\}$$

$$(2-13)$$

其中,$\mu_R : X \times Y \rightarrow [0,1]$;$\gamma_R : X \times Y \rightarrow [0,1]$,并且 $0 \leqslant \mu_R(x,y) + \gamma_R(x,y) \leqslant 1, \forall (x,y) \in X \times Y$。

定义 2.11 假设 $R \in \text{IFR}(X,Y)$,$Q \in \text{IFR}(Y,Z)$,那么 R 与 Q 的合成(Composition Relation)记为 $R \circ Q$,表示直觉模糊集 $X \times Z$ 上的一个直觉模糊逻辑关系:

$$\begin{cases} \mu_{R \circ Q(x,z)} = \bigvee_{y \in Y} \{\mu_{R(x,y)} \wedge \mu_{Q(y,z)}\} \\ \gamma_{R \circ Q(x,z)} = \bigwedge_{y \in Y} \{\gamma_{R(x,y)} \vee \gamma_{Q(y,z)}\} \end{cases}, \forall x \in X, z \in Z \quad (2-14)$$

通过对比分析普通模糊逻辑关系和直觉模糊逻辑关系发现，直觉模糊关系同时考虑了支持、反对和中立三个方面的信息，在描述事物之间的模糊关系时更加准确、可靠，但是其运算比普通模糊关系的运算更加复杂，因此有关直觉模糊的问题发展较为缓慢。

为了表述的简洁性以及书写方便，在不影响理解的基础上，下文将不加说明地省略模糊集 $\widetilde{A}$ 上面的"～"，将模糊集 $\widetilde{A}$ 简写为 A。

2.1.4　模糊推理

在数理逻辑中，常用蕴含"→"作为命题的连接词。例如，假设 P 和 Q 都是命题，则蕴含式 $P \to Q$ 表示"如果 P 成立，则 Q 成立"。通常命题 P 和 Q 都是精确的，但在人们的日常生活中，很多命题并不是精确的形式，对于模糊命题可以遵照上述命题的形式进行推理，则这种推理形式被称为近似推理或者模糊推理。又如，假设命题 P 表示"雨水充足"，Q 表示"收成增加"，那么"如果雨水充足，则收成增加"这一推理过程就是模糊的。

假设 P 和 Q 分别为前提论域 U 和结论论域 V 上的模糊命题，则"$P \to Q$"的推理过程为：已知前提论域 U 上的模糊子集 P，确定结论论域 V 上的模糊子集 Q，模糊推理的基本思想可以表示为：

已知 $P \to Q = f(P)$　　　蕴含

且给定 P^*　　　前提

求 $Q = f(P^*)$　　　结论

随着专家学者对模糊数学研究的不断深入，许多研究人员给出了一些不同的模糊推理算法。本书主要利用 1974 年英国学者 Mamdani 给出模糊推理的 CRI 算法：

$$R = (P \rightarrow Q) = P \times Q \qquad (2-15)$$

（1）已知蕴含关系 $R = (P \rightarrow Q)$ 和前提 $P^* \in F(U)$，可得到近似的结论 $Q^* \in F(V)$ 为：

$$Q^* = P^* \circ R = P^* \circ (P \times Q) \qquad (2-16)$$

其隶属函数的表达方式可以表示为：

$$Q^*(v) = P^*(u) \circ R(u,v)$$

$$= \bigvee_{u \in U} (P^*(u) \wedge P(u) \wedge Q(v)) \qquad (2-17)$$

其中，$\forall v \in V$。

（2）已知蕴含关系 $R = (P \rightarrow Q)$ 和前提 $Q^* \in F(V)$，可得到近似的结论为 $P^* \in F(U)$：

$$P^* = Q^* \circ R = (P \times Q) \circ Q^* \qquad (2-18)$$

其隶属函数的表达方式可以表示为：

$$P^*(u) = R(u,v) \circ Q^*(v)$$

$$= \bigvee_{v \in V} (P(u) \wedge Q(v) \wedge Q^*(u)) \qquad (2-19)$$

其中，$\forall u \in U$。

2.2　模糊时间序列相关概念

经过近三十年的发展，大量的学者对 FTS 进行了深入的研究。通过对观测样本进行分析，恰当地处理观测样本中模糊、不确定性问题，从而对未来进行预测。依据预测结果能够协助人们大致上把握事物的发展变化规律，制定合理的应对方案。本节主要阐述传统 FTS 的相关定义以及建模过程，为后续模型的改进奠定理论基础。

定义 2.12　设论域 $U = \{u_1, u_2, \cdots, u_n\}$，定义在 U 上的一个模糊集 A 可以表示为：

$$A = \frac{f_A(u_1)}{u_1} + \frac{f_A(u_2)}{u_2} + \cdots + \frac{f_A(u_n)}{u_n} \qquad (2-20)$$

其中，f_A 是模糊集 A 的隶属度函数，$f_A : U \rightarrow [0,1]$；$f_A(u_i)$ 代表 u_i 属于 A 的程度，$f_A(u_i) \in [0,1], 1 \leqslant i \leqslant n$。

定义 2.13　实数集 $\mathbf{R}$ 上的一个子集 $Y(t)(t = 0,1,2,\cdots)$ 表示论域，在论域 $Y(t)$ 上定义模糊集 $f_i(t)(t = 0,1,2,\cdots)$，所有的 $f_i(t)$ 的集合为 $F(t)$，则 $F(t)$ 就定义为论域 $Y(t)$ 上的一个模糊时间序列。

定义 2.14　假设 $F(t)$ 为一个有限模糊时间序列，对任意的时刻 t，$F(t-1) = F(t)$，则称 $F(t)$ 为不变的模糊时间序列，否则为可变的模糊时间序列。

定义 2.15　对于任何 $f_i(t) \in F(t)$，存在 $f_j(t-1) \in F(t-1)$，$f_i(t)$ 与 $f_j(t-1)$ 之间的关系可以用 $R_{ij}(t,t-1)$ 表示为：

$$f_i(t) = f_j(t-1) \circ R_{ij}(t,t-1) \qquad (2-21)$$

其中，$R(t,t-1) = \bigcup_{i,j} R_{ij}(t,t-1)$，$R(t,t-1)$ 为定义在 $F(t-1)$ 和 $F(t)$ 之间的模糊关系，并且满足 $F(t) = F(t-1) \circ R(t,t-1)$，则称 $F(t)$ 是由 $F(t-1)$ 通过模糊关系 $R(t,t-1)$ 推导得到的，$F(t-1)$ 和 $F(t)$ 均为模糊集。

如果 $F(t)$ 仅由 $F(t-1)$ 或 $F(t-1), F(t-2), \cdots, F(t-s)$ 产生，则模糊关系可以表述为 $F(t-1) \rightarrow F(t)$ 或者 $F(t-1) \rightarrow F(t)$，$F(t-2) \rightarrow F(t), \cdots, F(t-s) \rightarrow F(t)$，则模糊关系可以表示为：

$$F(t) = F(t-1) \circ R(t,t-1)$$

或者

$$F(t) = F(t-1) \bigcup F(t-2) \bigcup \cdots \bigcup F(t-s) \circ R(t,t-1)$$

$$(2-22)$$

式(2-22)称为一阶模糊时间序列,令 $F(t-1)=A_i$, $F(t)=A_j$,则模糊逻辑关系也可表示成 $A_i \rightarrow A_j$。其中, A_i 称为模糊逻辑关系的前件, A_j 称为模糊逻辑关系的后件。

在不同的时刻,若是模糊逻辑关系的前件相同、后件不同,那么可以将模糊逻辑关系进一步表示成模糊逻辑关系组的形式,例如 $A_i \rightarrow A_{j1}$, $A_i \rightarrow A_{j2}$, $\cdots$, $A_i \rightarrow A_{jn}$,可以转化为 $A_i \rightarrow A_{j1}$, A_{j2}, $\cdots$, $A_i \rightarrow A_{jn}$。

2.3　模糊时间序列预测方法

模糊时间序列预测模型在处理含有不确定性以及由语言变量描述的时间序列问题中有很好的效果,其一经提出便得到众多学者的青睐。近年来,有关模糊时间序列理论的研究成果陆续发表在 *Expert Systems with Applications*, *IEEE Transactions on Fuzzy Systems*, *Information Sciences*, *Applied Soft Computing*, *Fuzzy Sets and Systems*, *International Journal of Fuzzy Systems* 等影响力比较大、专业水平比较高的杂志上。模型的研究工作主要集中在 Song 和 Chissom 提出的四步预测框架基础上:①论域的确定和划分;② 数据模糊化;③ 依据训练数据的先后顺序建立模糊逻辑关系矩阵;④ 预测去模糊化。下面就从模型的各个步骤对 FTS 模型进行简单的描述。

2.3.1　论域划分

大量的研究成果表明,论域区间长度的选取对于 FTS 模型的预测精度的提升至关重要。合理的论域划分可以充分考虑数据的结构特征,挖掘数据之间的联系,极大地提高模型的预测精度。为此,许多学者提出了多种对论域划分的方法,根据划分的形式可以将其概括为等间隔论域划分和非等间隔论域划分。

（1）等间隔论域划分

假设 U 为论域,$x_{\max}$ 和 $x_{\min}$ 分别为观测样本的最大值和最小值,则

$$U = \left[x_{\min} - \sigma_1, x_{\max} + \sigma_2 \right] \qquad (2-23)$$

其中,σ_1 和 σ_2 为合适的正整数。

依据数据的实际含义以及人们处理问题中存在的不确定性,用自然语言能够表述的方法对论域 U 进行模糊划分,设定划分的子区间个数为 k,则子区间长度 l 为

$$l = \frac{D}{k} \qquad (2-24)$$

其中 $D = (x_{\max} + \sigma_2) - (x_{\min} - \sigma_1)$,划分结果如图 2-2 所示。

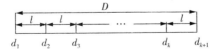

图 2-2　等间隔论域划分示意图

由此可得论域划分的结果为：

$$
\begin{cases}
u_1 = [d_1, d_2] \\
u_2 = [d_2, d_3] \\
\quad\vdots \\
u_k = [d_k, d_{k+1}]
\end{cases}
\tag{2-25}
$$

其中，$d_2 - d_1 = d_3 - d_2 = \cdots = d_{k+1} - d_k = l$，$d_1 = x_{\min} - \sigma_1$，$d_{k+1} = x_{\max} + \sigma_2$。

论域划分是模糊时间序列模型建立的基础，其中 Song 和 Chen 提出的基于任意固定长度的等间隔论域划分大大简化了模型的复杂度，但是模型的预测精度和可解释性明显不足。随后，Huarng 在原有等间隔论域划分的基础上提出了基于分布基点长度和均值基点长度的等间隔论域划分，更加合理地考虑数据的分布结构特征。虽然 Huarng 提出的等间隔论域划分考虑了数据的结构特征，但是论域划分的本质并未发生变化。当样本数据分散不均匀时，如果利用相同的长度对论域进行划分，就会出现有的子区间样本数据较密集，有的子区间样本数据稀疏，甚至有的子区间根本就没有样本数据的情形。从大量的研究来看，等间隔论域划分虽然实现起来简单，便于理解，但是模型的预测精度往往不能令人满意，当然，这种划分结果不是人们希望看到的。因此，随着专家学者研究的不断深入，非等间隔论域划分逐渐被人们所关注。

（2）非等间隔论域划分

非等间隔论域划分的主要思想是依据数据的结构特征，充分挖掘数据之间的相互关系，增强模型的可解释性，以便于人们对模型进行理解，如图 2-3 所示。

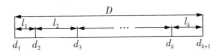

图 2 - 3　非等间隔论域区间划分示意图

现在主流的非等间隔论域划分可以分为基于数据结构特征的论域划分和基于聚类技术以及智能算法的论域划分等,通过分析样本数据的分布情况,确定每个子区间的长度。主要的非等分论域划分方法可以参见文献[13,27 - 28,36,51]。

通过归纳总结以及对比分析等间隔论域划分和非等间隔论域划分的结果,发现不同长度的区间划分可以更好地凸显数据自身的特征,体现非等分论域划分对 FTS 模型预测精度的重要性。随着智能优化算法不断被应用到论域划分中,论域划分的有效性得到极大的提升,很大程度上增强了模型的可解释性和预测准确率,但人们逐渐意识到单一的算法由于自身存在缺陷,并不能始终得到最优解。为此,本书以下章节将综合分析不同算法的优缺点,通过算法融合对论域进行合理划分,提高模型的预测精度。

2.3.2　数据模糊化

依据前节论域划分(等分或非等分论域划分)的结果,假设论域为 U,将其分割成 k 个子区间,即 $U = \{u_1, u_2, \cdots, u_k\}$,其中各个子区间的长度依据论域划分的方法而定。结合定义 2.12,对于任意的观测样本数据 x_t,x_t 对应的模糊集 $A_t = \{\mu_1(x_t), \mu_2(x_t), \cdots, \mu_k(x_t)\}$,其中,$\mu_1(x_t), \mu_2(x_t), \cdots, \mu_k(x_t)$ 分别为样本 x_t 对每个子区间的隶属度。

在数据模糊化方面,传统的 FTS 模型的数据模糊化都是人为地用三角模糊隶属函数进行定义。如果样本数据 x_t 属于子区间 u_i，则 $u_i(x_t)=1$，并且数据 x_t 对 u_i 两边子区间的隶属度呈递减趋势，x_t 对各个子区间的隶属度为：

$$\mu_j(x_t)=\begin{cases}1, & j=i\\ 0.5, & j=i+1 \text{ 或 } j=i-1 \quad (2-26)\\ 0, & \text{其他}\end{cases}$$

利用式(2-26)对样本数据进行模糊化处理，分析结果发现，当数据之间的差别不是很大时，不同的观测值可能就会落在相同的模糊子区间，不能充分体现样本数据的结构特征，使数据钝化。为此，文献[28]给出了一种新的基于距离定义的数据模糊化算法，提高了模型的预测精度：

$$\mu_i(x_t)=\frac{d_{i+1}-d_i}{|d_{i+1}-x_t|+|x_t-d_i|} \quad (2-27)$$

其中，d_{i+1} 和 d_i 是 u_i 子区间的边界。

当论域 U 采用等间隔划分时，$d_{i+1}-d_i=l$，假设 x_t 属于第 i 个子区间，$\mu_i(x_t)=\dfrac{l}{|d_{i+1}-x_t|+|x_t-d_i|}$，则 x_t 属于第 $i-1$ 和 $i+1$ 个子区间的隶属度分别为：

$$\mu_{i-1}(x_t)=\frac{l}{|d_i-x_t|+|x_t-d_{i-1}|}$$

$$\mu_{i+1}(x_t)=\frac{l}{|d_{i+2}-x_t|+|x_t-d_{i+1}|}$$

则一定存在以下两个不等式：

(1) $(|d_{i+2}-x_t|+|x_t-d_{i+1}|)-(|d_{i+1}-x_t|+|x_t-d_i|)$
$=|d_{i+2}-x_t|-|x_t-d_i|\geqslant 0$

(2) $(\mid d_i - x_t \mid + \mid x_t - d_{i-1} \mid) - (\mid d_{i+1} - x_t \mid + \mid x_t - d_i \mid)$

$= \mid x_t - d_{i-1} \mid - \mid d_{i+1} - x_t \mid \geqslant 0$

所以,当采用等分论域划分时,如果 x_t 属于子区间 u_i,式(2-27)会始终保证 x_t 对 u_i 两边子区间的隶属度呈现递减的趋势。

当采用非等分论域划分时,$d_{i+1} - d_i \neq d_{i+2} - d_{i+1}$,无法对 x_t 属于子区间 u_i 两边子区间的隶属度进行比较,故上述数据模糊化方法在非等分论域划分的情况下并不适用。

为此,文献[27]对基于距离的隶属函数进行了改进,保证了在任何论域划分情况下 x_t 对 u_i 两边子区间的隶属度呈递减趋势。

当样本数据 x_t 属于子区间 u_i,则 $u_i(x_t)=1$,对于其他子区间的隶属度为:

$$u_j(x_t) = \frac{d_{\min}}{\mid d_{j+1} - x_t \mid + \mid x_t - d_j \mid} \tag{2-28}$$

其中,$j \neq i$,$d_{\min}$ 为所有子区间中的最小长度。

当论域 U 采用等间隔划分时,样本数据的隶属情况和文献[28]等间隔论域划分的情况相同。

当采用非等分论域划分时,$d_{\min}$ 为一个固定常数,式(2-28)依旧满足以下两个不等式:

(1) $(\mid d_{i+2} - x_t \mid + \mid x_t - d_{i+1} \mid) - (\mid d_{i+1} - x_t \mid + \mid x_t - d_i \mid)$

$= \mid d_{i+2} - x_t \mid - \mid x_t - d_i \mid \geqslant 0$

(2) $(\mid d_i - x_t \mid + \mid x_t - d_{i-1} \mid) - (\mid d_{i+1} - x_t \mid + \mid x_t - d_i \mid)$

$= \mid x_t - d_{i-1} \mid - \mid d_{i+1} - x_t \mid \geqslant 0$

所以,样本数据 x_t 对 u_i 两边子区间的隶属度呈递减趋势。

为此,文献[27]数据模糊化的方法得到了广泛的认可,随着学者对数据模糊化认识的不断深入,更多的数据模糊化方法也在不断探索当中。

2.3.3　模糊逻辑关系矩阵

根据数据的模糊化结果,得到各个时刻观测数据对每个模糊子集的隶属度,依据最大隶属度原则,将观测样本对应的模糊概念按照时间顺序排列。例如,t 时刻观测样本对各个模糊子集中最大隶属度所对应的模糊概念为 A_i,$t+1$ 时刻观测样本对各个模糊子集中最大隶属度所对应的模糊概念为 A_j,则 t 时刻和 $t+1$ 时刻之间的模糊关系可以表示为 $A_i \to A_j$。根据所有时刻之间的模糊关系,可以得到模糊逻辑关系矩阵,从大量的学术成果中发现,Song、Chen 以及 Lee 等人分别建立的模型中的模糊逻辑关系矩阵的建立方法得到了广泛的认可。

1993 年 Song 首次提出模糊时间序列模型时,将上述每个样本数据所对应的模糊集按时间先后顺序排列,建立模糊关系集合,然后依次求相邻两个数据的模糊逻辑关系 $R_{i,j}$:

$$R_{i,j} = A_i^{\mathrm{T}} \times A_j \qquad (2-29)$$

其中,A_i 和 A_j 为对应模糊逻辑关系的前件和后件,这里"×"表示对应元素取小运算。

由所有的模糊关系得到关系矩阵 $\boldsymbol{R}$:

$$\boldsymbol{R} = \bigcup R_{i,j} \qquad (2-30)$$

其中,"$\bigcup$"为取 $R_{i,j}$ 中对应元素的最大值运算。

随着 FTS 模型研究不断深入,一些专家学者逐渐发现 Song 模型模糊逻辑关系矩阵的建立需要耗费大量的时间而且运算比较复杂。为此,Chen 提出了依据 $A_i \to A_j$ 是否存在来决定的模糊逻辑关系矩阵 $\boldsymbol{R}$,如果出现 $A_i \to A_j$,则 $R_{i,j}=1$,否则 $R_{i,j}=0$。这种算法大大简化了模型的运算复杂度,但是模糊逻辑关系中重复出现的关系并没有得到很好的利用,这样得到的结果预测精度并不是很理想。Lee 为了更好地反映训练样本之间的模糊逻辑关系,采用 $A_i \to A_j$ 在训练集中出现的频率来建立模糊关系矩阵,充分考虑了状态转换对预测结果影响的重要程度。

模糊逻辑关系矩阵的建立对 FTS 模型的预测精度至关重要,虽然 Song、Chen 以及 Lee 各自模型的预测精度都不高,但是大量的改进模型都是以此为基础的。为此,以下章节关于模糊逻辑关系矩阵的建立也在三种经典方法的基础上进行改进。

2.3.4　预测及去模糊化

依据上述过程得到的推理量为模糊概念,为此需要对其进行去模糊化处理,以便得到清晰的预测值。文献[51]给出了去模糊化的预测规则:

$$F_{\text{val}}(t+1)=\begin{cases} m_i, \quad \sum\limits_{j=1}^{n} R_{i,j}=0 \\ \dfrac{\boldsymbol{R}(i,:)}{\sum\limits_{j=1}^{n}\boldsymbol{R}(i,j)} \times (m_1,m_2,\cdots,m_k)^{\top}, \text{其他} \end{cases} \qquad (2-31)$$

其中,$F_{\text{val}}(t+1)$ 为预测值,m_i 为对应模糊子集 u_i 的中心值,$\boldsymbol{R}(i,:)$ 为 t 时刻观测值对应模糊概念隶属度最大值在关系矩阵 $\boldsymbol{R}$ 中的行向量的隶属度。

为了评价改进 FTS 模型的优劣,通常采用误差形式来分析预测结果。然而单一的误差分析形式可能由于误差算法自身的缺陷导致评价结果不可靠或者不正确,为此,本书采用均方误差(MSE)、平均百分比相对误差(MAPE)以及相对误差(RE)来衡量模型的预测精度,其值越大,预测精度越小,其值越小,预测精度越高。

$$\text{MSE} = \frac{1}{n} \sum_{i=1}^{n} (x_t - F_{\text{val}}(t))^2 \qquad (2-32)$$

$$\text{MAPE} = \frac{\sum_{i=1}^{n} \dfrac{(|x_t - F_{\text{val}}(t)| \times 100)}{x_t}}{n} \qquad (2-33)$$

$$\text{RE} = \frac{|x_t - F_{\text{val}}(t)|}{x_t} \times 100 \qquad (2-34)$$

其中,x_t 为样本数据,$F_{\text{val}}(t)$ 为其对应的预测值。

本章主要介绍了模糊集理论和模糊时间序列的基本概念及性质,在传统 Song 等基本模型框架的基础上,主要从论域划分、数据模糊化、模糊逻辑关系的建立以及预测去模糊化等方面对模糊时间序列模型的预测过程进行了详细的描述,为后续章节对模型的改进研究奠定了基础。

第3章 基于 k-均值和粒子群 混合算法的模糊时间序列预测方法

研究表明,聚类技术以及智能优化算法在非等分论域划分中被广泛应用,但是任何一种算法都会存在自身的局限性,综合运用各种算法的优势,通过算法融合会使论域划分更加合理、高效。为此,本章研究了 k-均值算法和粒子群优化算法(PSO)在论域划分中的应用,建立基于 k-均值算法和粒子群优化算法的模糊时间序列预测模型。

本章的主要工作:3.1 节分别阐述了 k-均值和粒子群优化算法存在的优点和不足,详细介绍了混合算法在论域划分中的具体过程。3.2 节将基于混合算法的论域划分应用到 FTS 中去,建立基于 k-均值和粒子群混合算法的模糊时间序列预测模型。3.3 节利用 Alabama 大学入学人数和上证指数两个实例,验证了模型的有效性和可行性。3.4 节用上述建立的模型对日平均气温进行预测,扩展模型的应用范围。

3.1 基于 k-均值和 PSO 混合算法的 论域区间划分

众多的研究成果显示,FTS 的研究主要围绕如何提高模型的预测精度展开。第 2 章有关模糊时间序列模型论域划分的研究发现，非等分论域划分正在逐步替代传统的等分论域划分，取得越来越好的预测效果。2.3.1 节已经介绍了几种近年来迅速发展的非等间隔论域划分方法，其中基于聚类技术和智能优化算法的划分方法备受关注。

2012 年，邱望仁提出了基于自动聚类技术的论域划分，通过分析数据和相邻数据之间差分值的平均值之间的大小关系确定样本数据的归属问题，然后按照聚类结果确定论域区间的边界。通过自动聚类划分得到的区间长度是不均匀的，一定程度上提升了模型的预测准确度，但是划分得到的模糊子区间的个数相对比较多，不易用语言变量描述，并且可能存在许多空的聚类区间，这样反而增加了模型的复杂度。2015 年，王国徽利用 k-均值聚类算法对论域进行非等划分，首先选择 k 个值作为每个模糊子区间的初始聚类中心，依据数据距每个聚类中心的最小距离原则对数据进行分类，这种方法充分利用了数据之间的相互关系，计算复杂度也相对较低，但是区间划分的结果和初始聚类中心密切相关，不合理的初始值可能得到较差的聚类结果。

智能优化方法是一门计算科学，它的理论研究相对薄弱，没有严格的公理体系，其主要的研究热点在于各种算法的基本思想、计算过程以及实现程序编写等，依靠计算得到的实验结果来评价算法性能的优劣。随着智能优化算法的不断发展，其在论域划分中的应用逐渐凸显，文献[57-58]给出了几种优化算法的对比分析，例如遗传算法、神经网络算法和粒子群算法等，其中粒子群算法由于参数少、易于实现等优点被人们广泛接受。2009 年，Kuo 首次利用粒子群算法对论域的划分进行优化，获得了比较高的预测精度。

但是粒子群算法容易产生早熟收敛,局部寻优能力也相对较弱。为此,一些关于粒子群算法的改进被应用到模糊时间序列建模过程中,但由于算法本身存在局限性,使得这些改进算法对模型精度的提高并不是很明显。

为了克服单一算法自身缺陷的问题,如何将两种或者几种算法结合起来逐渐成为研究的重点。为此,本节选取 k -均值聚类和 PSO 进行融合,对论域进行非等划分,综合运用两种算法的优点。

经典的 k -均值算法在论域划分过程中能很好地反映数据的结构特征,使在同一类内的数据尽可能相似,不在同一类内的数据尽可能不相似。 k -均值聚类算法具有较强的局部寻优能力,但是它的初始值是随机选取的,不同的初始值对应的聚类结果差别可能很大,甚至可能导致无解,因此 k -均值算法得到的聚类划分结果并不总是十分可靠。

粒子群优化算法是 1995 年 Kennedy 和 Eberhart 从鸟群和鱼群等觅食过程中受到启发提出来的,算法中的粒子将自身经验和社会经验结合起来,不断迭代、更新自身的位置和速度,具有较强的全局寻优能力。但是粒子群算法容易产生早熟收敛,导致结果陷入局部最优。为此,本章将 k -均值算法和 PSO 融合到一起,优势互补,既提高了 PSO 的局部搜索能力,又解决了 k -均值算法对初值的过分依赖的问题,取得较好的聚类结果,从而得到合理的论域划分区间。

3.1.1　k -均值算法

1967 年,J. B. MacQueen 首次提出了 k -均值聚类算法,该算法由于结构简单、易于实现,一经提出就被广泛应用于工程领域,取得较好的应用效果。k-均值聚类算法的主要思想:随机选取 k 个样本值作为初始聚类中心,将各个样本数据划分到距离聚类中心最近的类簇中去,然后根据各个类簇中的元素重新计算聚类中心,反复迭代,直到每个类簇的聚类中心不再改变,这时所有样本数据被划分到各自的类簇中去。k-均值算法的实现过程如下。

若时间序列存在 n 个样本 $X = \{x_1, x_2, \cdots, x_n\}$,依据样本数据之间的相似性划分为 k 个集合 $u_1, u_2, \cdots, u_k$,相应的聚类中心为 c_1, $c_2, \cdots, c_k$,且 k 个集合满足下面三条性质:

(1) $u_i \neq \varnothing, i = 1, 2, \cdots, k$;

(2) $u_i \bigcap u_j = \varnothing, i, j = 1, 2, \cdots, k,$ 且 $i \neq j$;

(3) $X = \bigcup\limits_{i=1}^{k} u_k, i = 1, 2, \cdots, k$。

其中,性质(1)描述了每个类簇内均有样本数据,至少存在一个样本;性质(2)表示两个类簇之间不存在相互重合;性质(3)表述了所有的样本数据均被划分到各自的类簇中去。

首先,在数据中随机抽选 k 个值作为初始聚类中心 $c_1^0, c_2^0, \cdots,$ c_k^0,然后采用欧式距离 $d(x_t, c_i^j)$ 对数据之间的相似性进行刻画,再按照式(3-2)中距离最小原则将每个样本数据分配到 k 个不同的集合中去,其中:

$$d(x_t, c_i^j) = \parallel x_t - c_i^j \parallel^2, t = 1, 2, \cdots, n, i = 1, 2, \cdots, k, j = 0, 1, 2, \cdots$$

$$(3-1)$$

$$\begin{cases} d_t^i = \min\limits_{i=1}^{k}(d(x_t, c_i^j)) \\ x_t \in u_i \end{cases}, x_t \in X \text{ 且 } i = 1, 2, \cdots, k \quad (3-2)$$

由此得到每个类 u_i 内的类内距离 $J(u_i, c_i^j)$ 为:

$$J(u_i, c_i^j) = \sum_{t=1}^{m_i} d(x_t, c_i^j) \qquad (3-3)$$

其中，m_i 为类 u_i 内的元素个数，x_t 为类 u_i 内的样本数据。

总的类间距离 $J(u, c^j)$ 为：

$$J(u, c^j) = \sum_{i=1}^{k} \sum_{t=1}^{m_i} d(x_t, c_i^j) \qquad (3-4)$$

其中，m_i 为类 u_i 内的元素个数，x_t 为类 u_i 内的样本数据。

重新调整聚类中心为：

$$c_i^j = \frac{1}{m_i} \sum_{t=1}^{m_i} x_t \qquad (3-5)$$

其中，$i = 1, 2, \cdots, k$，j 为迭代次数，m_i 为类 u_i 内的元素个数，x_t 为类 u_i 内的样本数据。

如果聚类中心 $c_i^j = c_i^{j-1}$，并且总的类间距离 $J(u, c^j)$ 最小，则此时的样本数据被合理地进行划分，得到最优的聚类结果；否则更新聚类中心，重新对样本数据进行聚类。

依据上述得到最优聚类中心 $c_1^j, c_2^j, \cdots, c_k^j$，利用式（3-6）计算相邻聚类中心的中间值，并将其作为论域划分间隔的边界 d_i。

$$d_i = \frac{c_i^j + c_{i+1}^j}{2}, i = 1, 2, \cdots, k-1 \qquad (3-6)$$

依据式（3-6）将论域 U 划分为 k 个子集：

$$u_i = \begin{cases} [x_{\min} - \delta_1, d_1], i = 1 \\ [d_{i-1}, d_i], i = 2, \cdots, k-1 \\ [d_{k-1}, x_{\max} + \delta_2], i = k \end{cases} \qquad (3-7)$$

其中，δ_1 和 δ_2 为合适的整数，$i = 1, 2, \cdots, k-1$。

3.1.2 粒子群算法

假设在某一地域内有一些食物,同时有一群鸟在这一地域内任意飞行,而这群鸟事先也并不知道食物的具体位置,但是每只鸟知道自己当前位置距离食物的距离,并且鸟之间可以互相交流信息,那么为了能最快找到食物,最优的飞行方案是每只鸟朝着自己视野范围内距离食物最近的鸟飞去。如果把搜索到这一食物当作目标点,每只鸟距离食物的距离作为适应度函数,那么就可以用函数寻优过程来仿真鸟群的觅食过程。1995 年,Kennedy 和 Eberhart 通过模拟鸟群觅食的整个过程,提出了粒子群优化算法,具体的算法原理如下。

设定一个群体由 m 个粒子组成,每个粒子在 D 维搜索空间内以一定的速度飞行,则

第 i 个粒子的位置可以表示为:$x_i = (x_{i1}, x_{i2}, \cdots, x_{iD})$;

第 i 个粒子的速度可以表示为:$v_i = (v_{i1}, v_{i2}, \cdots, v_{iD})$;

第 i 个粒子搜索经历过的最好位置点可以表示为:$P_{\text{best}_i} = (P_{i1}, P_{i2}, \cdots, P_{iD})$;

群体搜索经历过的最好位置点可以表示为:$G_{\text{best}_i} = (G_{i1}, G_{i2}, \cdots, G_{iD})$。

其寻优过程如图 3-1 所示。

随着研究人员对 PSO 算法研究的不断深入,现在一般采用标准的 PSO 算法对粒子群中的位置参数和速度参数进行更新:

$$v_i^{j+1} = w \times v_i^j + C_1 \times r_1 \times (P_{\text{best}_i} - x_i^j)$$

$$+ C_2 \times r_2 \times (G_{\text{best}_i} - x_i^j) \qquad (3-8)$$

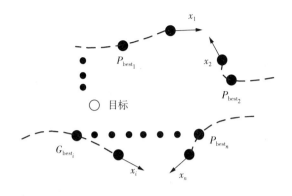

图 3-1　粒子群算法思想图

$$w = w_{\max} - j \times \frac{w_{\max} - w_{\min}}{i_{\max}} \qquad (3-9)$$

$$x_i^{j+1} = x_i^j + v_i^{j+1} \qquad (3-10)$$

其中,w 表示惯性权重,j 表示当前迭代次数,$i_{\max}$ 表示最大迭代次数,P_{best_i} 表示粒子最优极值,G_{best_i} 表示种群最优极值,x_i 为粒子自身当前位置,C_1 为个体经验学习因子,C_2 为社会经验学习因子,r_1 和 r_2 均为 $[0,1]$ 区间上的随机数,文献[61]给出了上述相应参数的具体意义和设置范围,这里不做过多的赘述。

从粒子的速度更新式(3-8)可以看出,前半部分是粒子飞行的基本保证,即惯性作用;中间部分是自我寻优部分,粒子考虑到自身经验,逐步向自己飞行经历过的最优位置点靠近;最后部分是粒子结合群体的社会经验,向邻域中的其他粒子学习,不断向群体最优位置靠近,式(3-8)形象地描述了粒子群算法的基本思想。

为了更加深刻地理解粒子群算法,下面给出 PSO 的基本实现流程。

步骤 1：参数初始化，确定粒子个数 m、维数 D、迭代次数 $i_{\max}$、初始位置 x_i 和初始速度 v_i。

步骤 2：确定适应度函数，计算每个粒子的适应度值。

步骤 3：对比分析，分别将每个粒子的适应度值与其经历过的最优位置的适应度值以及群体经历过的最优位置的适应度值进行对比分析，如果结果变好，则将其保存为粒子个体的最优位置信息，并将其作为群体的最优位置。

步骤 4：根据式(3-8)、式(3-9)和式(3-10)对粒子的位置和速度进行更新。

步骤 5：如果粒子的适应度值达到终止条件或者达到设置的最大迭代次数，则输出最优粒子的位置信息；否则转至步骤 2。

其相应算法流程图如图 3-2 所示。

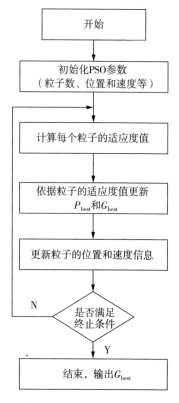

图 3-2　粒子群算法流程图

3.1.3　混合算法优化区间划分

通过对上述两种算法研究发现，k-均值算法是基于梯度下降的思想来实现数据的聚类，在聚类过程中容易得到局部最优解，但是其聚类结果受到初始值的选取或者输入顺序的影响,聚类结果浮动变化较大。而 PSO 算法具有较强的全局搜索能力,它的分布式随机搜索特性克服了以往聚类算法对初始值敏感的缺点,但当粒子在接近最优解时收敛速度变缓。为此,考虑将 k -均值算法和 PSO 算法结合到一起,利用 k -均值算法可以快速收敛到局部最优解的能力和 PSO 算法较好的全局搜索策略,克服 k -均值算法过分依赖初始值的缺点,最后收敛到合理的最优解。通过查阅大量的文献,有关 k -均值和 PSO 混合算法(KPSO 算法)的研究已经有很多,文献[62-65]给出了现在主流的 k -均值和 PSO 算法的主要思想和一些应用研究,其主要思想:每个粒子更新了自己的速度和位置后,重新进行一次 k -均值聚类,得到新的聚类中心,反复迭代,直到获得最优的聚类结果。

KPSO 算法的主要步骤如下。

步骤 1:初始化参数设置。

确定样本集 $X = \{x_1, x_2, \cdots, x_n\}$,最大迭代次数 $i_{\max}$,聚类个数 k ,粒子数 m ,其他参数的设置和上文 PSO 参数设置相同。为了最后和 k -均值算法得到的聚类结果进行比较,KPSO 算法的聚类个数 k 和 k -均值算法聚类个数保持一致。每个粒子 Z 由 k 个聚类中心组成,代表种群的一个可行解,即 $Z_i^j = (c_{i,1}^j, c_{i,2}^j, \cdots, c_{i,k}^j)$,其中, $i = 1, 2, \cdots, m; j$ 为迭代次数。

步骤 2:初始化粒子的速度和位置。

首先,每个粒子在样本数据 X 中随机选取 k 个值作为初始聚类中心 $Z_i^0 = (c_{i,1}^0, c_{i,2}^0, \cdots, c_{i,k}^0)$,随后利用 k -均值算法将样本数据按式距离最小原则进行归类,并利用式(3-5)计算出对应粒子的聚类中心 Z_i^1 ;将总的类间距离 $J(u, c)$ 作为粒子群算法中的适应度函数,因此利用式(3-3)与式(3-4)计算出每个粒子的适应度值 $J_i^1(u,c_i^1)$,并将其作为对应粒子的初始最优适应度,利用式(3-12)找到粒子群初始全局最优适应度 G_{best_i}。

$$P_{\text{best}_i} = \min(J_i^{j-1}(u^{j-1},c_i^{j-1}),J_i^j(u^j,c_i^j)) \qquad (3-11)$$

$$G_{\text{best}_i} = \min_i^m(P_{\text{best}_i}) \qquad (3-12)$$

其中,$i=1,2,\cdots,m$,j 为迭代次数。

步骤3:迭代生成新的粒子群。

按照式(3-8)、式(3-9)和式(3-10)对每个粒子的速度和位置进行更新,然后依据粒子的新位置 Z_i^j,运用 k-均值聚类算法重新对样本数据进行归类,更新每个粒子的聚类中心和适应度值,重新得到迭代后每个粒子的最优适应度值 P_{best_i} 和整个粒子群的全局适应度值 G_{best_i}。

步骤4:依据 PSO 算法的结束终止条件,得到最优的聚类中心。

当算法经过多次迭代后,粒子群的全局适应度值 G_{best_i} 不再发生变化,则其对应的粒子 Z_i^j 为粒子群的最优位置,即其对应的聚类中心为最优的聚类中心。

步骤5:依据聚类结果划分论域。

根据 KPSO 算法得到的最优聚类中心,利用式(3-6)和式(3-7)对论域进行划分,得到 k 个子集,即 $U=(u_1,u_2,\cdots,u_k)$。

通过对上述 KPSO 算法的分析可以发现,更新粒子的位置和速度产生下一代粒子解群时有比较大的随机性,这也就保证了在聚类过程中不容易陷入局部最优解。同时,每代粒子在更新过程中既可以保持自身的优越性,又可以向群体中的其他粒子学习,使得每一代种群中的解不断地向着全局最优的方向发展,具有较快的收敛速度。

在文献[63-65]中,一些研究人员已经用典型的实验数据对上述混合算法的有效性进行了验证,得到了广大学者的认同。为此,可将上述 k-均值粒子群混合算法应用到FTS的论域划分中去客观地描述样本数据的归属问题,合理地划分论域,增强模型的可解释性,提高预测精度。

3.2　基于混合智能优化算法的模糊时间序列预测方法

上节已经对KPSO算法的具体过程进行了详细的描述,并且验证了KPSO算法的聚类效果比运用单一的 k-均值算法和PSO算法进行聚类得到的结果理想。为此,本节将KPSO聚类算法应用到模糊时间序列模型的论域划分中去,遵照Song提出的FTS建模的四个步骤,利用KPSO算法得到的论域划分结果,建立基于KPSO的模糊时间序列模型,其步骤如下。

步骤1:定义论域并划分论域。

依据观测样本数据 $X = \{x_1, x_2, \cdots, x_n\}$,确定最大值 $x_{\max}$ 和最小值 $x_{\min}$,则模型的论域为 $U = [x_{\min} - \sigma_1, x_{\max} + \sigma_2]$,其中 σ_1 和 σ_2 为合适的正数。确定聚类个数 k,然后利用3.1节提出的KPSO算法对样本数据进行聚类,从而将论域划分成 k 个模糊子区间 u_1, $u_2, \cdots, u_k$。

步骤2:数据模糊化。

根据论域划分的个数 k 来确定模糊概念的个数,利用式(2-1)

对模糊集 A_i 进行定义,通过论域划分的间隔对样本数据模糊化。假设 x_t 为任意样本数据,当 $x_t \in u_i, 1 \leqslant i \leqslant k$,则将样本数据 x_t 模糊化成 A_i。通常采用三角隶属函数来得到观测样本对每个模糊子区间的隶属度,依据三角隶属函数的性质,当 x_i 属于 u_i 时,隶属度为 1,并且 x_i 对 u_i 区间两侧的隶属度呈递减趋势。为此,采用非等分论域划分所引用的数据模糊化方法对样本数据进行模糊化,保证 x_t 始终满足对 u_i 区间两侧的隶属度呈递减趋势。

当样本数据 x_t 属于子区间 u_i,则 $\mu_i(x_t)=1$,对于其他子区间的隶属度为:

$$\mu_j(x_t) = \frac{d_{\min}}{\mid d_{j+1} - x_t \mid + \mid x_t - d_j \mid}$$

其中,$j \neq i, d_{\min}$ 为所有子区间中的最小长度。

按照上述方法将所有的数据模糊化,并结合定义 2.13,将得到的模糊化结果按时间顺序排列,得到一个模糊时间序列。

步骤 3:模糊逻辑关系及模糊逻辑关系矩阵的建立。

在 FTS 的研究方面,众多的专家学者都是在 Song、Chen 和 Lee 提出建立模糊逻辑关系的基础上进行研究分析的。为此,本节依旧采用传统模型建立模糊逻辑关系以及模糊逻辑关系矩阵的方法建立模型,以便于验证新模型的可行性与有效性。

步骤 4:预测与去模糊化。

利用 FTS 得到的预测结果为一个模糊概念,为此采用式(2-26)对得到的预测结果去模糊化,并且运用均方误差、平均百分比相对误差以及相对误差对新建立模型的去模糊化结果进行分析。

3.3　算例分析

前两节已经详细介绍了利用 k -均值算法和粒子群算法相互融合对论域进行划分的具体过程和步骤,并以此为基础建立了基于 KPSO 算法的模糊时间序列预测模型。为了验证本章建立模型的科学性和可行性,分别将 k -均值算法、PSO 算法和 KPSO 算法应用到 Song 模型、Chen 模型以及 Lee 模型的论域划分中去,按照上述建模的步骤可以得到三种类型模型的预测结果,并利用均方误差(MSE)和平均百分比相对误差(MAPE)来衡量模型的预测精度,本节从两个实例的研究对其进行说明。首先,利用 Alabama 大学22 年的入学人数为实验数据(数据来源于文献[7]),分别以 Song 模型、Chen 模型以及 Lee 模型的框架为基础,具体介绍 KPSO 算法的模糊时间序列模型的建立和实现过程。然后利用上证指数为实验数据,通过模型之间的对比,研究新建模型的参数对预测精度的影响。

3.3.1　Alabama 大学入学人数

本小节利用模糊时间序列分析中常用的 Alabama 大学注册人数为实验数据,详细介绍新模型的建立过程。其中表 3 - 1 列出了 Alabama 大学 1971—1992 年 22 年的大学入学注册人数,依据表 3 - 1 的数据,确定观测样本数据的最大值 $x_{max} = 19337$ 和最小值 $x_{min} = 13055$,根据式(2 - 18)确定两个合适的正数分别为 $\sigma_1 = 55, \sigma_2 = 663$,由此可以定义要讨论的论域范围为 $U = [13000, 20000]$。

随后利用 k-均值算法和粒子群算法对论域进行模糊划分，确定每个模糊子区间的间隔长度。为了后面对比分析，依旧将论域划分成 7 个模糊子区间，即 $k = 7$，每个子区间对应的模糊概念分别用招生人数的多少表述，即"极少""很少""少""正常""多""很多"和"极多"。然后按照 3.1.3 节混合算法的步骤对 22 个观测样本数据进行聚类，明确每个类 X_i 中的元素,结果如下:

$X_1 = \{13055\}$;

$X_2 = \{13563, 13867\}$;

$X_3 = \{14696, 15145, 15163, 15460, 15311, 15497, 15433\}$;

$X_4 = \{15603, 15861, 15984\}$;

$X_5 = \{16388, 16807, 16919, 16859\}$;

$X_6 = \{18150\}$;

$X_7 = \{18970, 19328, 19337, 18876\}$。

相应的聚类中心为:13055,13715,15244,15816,16743,18150 和 19128。

结合式(3-6)可以得到每个模糊子区间的边界为: $d_1 = 13000$, $d_2 = 13385$, $d_3 = 14480$, $d_4 = 15530$, $d_5 = 16280$, $d_6 = 17447$, $d_7 = 18639$ 和 $d_8 = 20000$。

由此依据式(3-7)确定每个子区间为: $u_1 = [13000, 13385]$, $u_2 = [13385, 14480]$, $u_3 = [14480, 15530]$, $u_4 = [15530, 16280]$, $u_5 = [16280, 17447]$, $u_6 = [17447, 18639]$, $u_7 = [18639, 20000]$。

利用论域划分的结果和式(2-23)对样本数据模糊化,模糊化的结果如表 3-1 所示(为了方便表述和简便计算,模糊隶属度值保留 4 位有效数字)。

表 3-1　样本数据及其对各个模糊集的隶属度值

时间（年）	真实值	A_1	A_2	A_3	A_4	A_5	A_6	A_7	模糊化
1971	13055	1.0000	0.2194	0.0987	0.0675	0.0505	0.0386	0.0307	A_1
1972	13563	0.5196	1.0000	0.1335	0.0822	0.0583	0.0430	0.0334	A_2
1973	13867	0.2854	1.0000	0.1692	0.0945	0.0642	0.0461	0.0353	A_2
1974	14696	0.1280	0.2521	1.0000	0.1592	0.0888	0.0575	0.0416	A_3
1975	15460	0.0849	0.1260	1.0000	0.4326	0.1372	0.0745	0.0499	A_3
1976	15311	0.0909	0.1396	1.0000	0.3241	0.1240	0.0705	0.0480	A_3
1977	15603	0.0799	0.1152	0.3219	1.0000	0.1527	0.0789	0.0518	A_4
1978	15861	0.0721	0.0998	0.2249	1.0000	0.1920	0.0882	0.0557	A_4
1979	16807	0.0533	0.0670	0.1068	0.2134	1.0000	0.1557	0.0766	A_5
1980	16919	0.0517	0.0645	0.1006	0.1898	1.0000	0.1713	0.0802	A_5
1981	16388	0.0602	0.0784	0.1392	0.3986	1.0000	0.1163	0.0657	A_5
1982	15433	0.0859	0.1283	1.0000	0.4078	0.1346	0.0738	0.0495	A_3
1983	15497	0.0835	0.1230	1.0000	0.4718	0.1409	0.0756	0.0504	A_3
1984	15145	0.0986	0.1588	1.0000	0.2533	0.1120	0.0664	0.0461	A_3
1985	15163	0.0977	0.1564	1.0000	0.2594	0.1132	0.0668	0.0463	A_3
1986	15984	0.0690	0.0938	0.1966	1.0000	0.2189	0.0935	0.0577	A_4
1987	16859	0.0525	0.0658	0.1038	0.2018	1.0000	0.1626	0.0782	A_5
1988	18150	0.0388	0.0456	0.0612	0.0857	0.1496	1.0000	0.1646	A_6
1989	18970	0.0333	0.0382	0.0485	0.0628	0.0914	0.2077	1.0000	A_7
1990	19328	0.0314	0.0357	0.0445	0.0562	0.0781	0.1498	1.0000	A_7
1991	19337	0.0313	0.0356	0.0444	0.0561	0.0778	0.1488	1.0000	A_7
1992	18876	0.0339	0.0389	0.0497	0.0648	0.0957	0.2311	1.0000	A_7

根据表 3-1 中样本数据的模糊化结果，可以明显地看出样本数据对每个模糊子集的隶属度值，并根据最大隶属度原则，确定观

测样本数据的模糊化结果。将模糊化的结果按照时间顺序排列即可得到一个模糊时间序列,并可以确定 21 个模糊逻辑关系,然后分别采用 Song 模型、Chen 模型以及 Lee 模型建立模糊逻辑关系的原则计算关系矩阵,则 21 个模糊逻辑关系为:

$$A_1 \to A_2, A_2 \to A_2, A_2 \to A_3, A_3 \to A_3, A_3 \to A_3, A_3 \to A_4,$$
$$A_4 \to A_4, A_4 \to A_5, A_5 \to A_5, A_5 \to A_5, A_5 \to A_3;$$

$$A_3 \to A_3, A_3 \to A_3, A_3 \to A_3, A_3 \to A_4, A_4 \to A_5, A_5 \to A_6,$$
$$A_6 \to A_7, A_7 \to A_7, A_7 \to A_7, A_7 \to A_7。$$

(1)Song 模型模糊逻辑关系矩阵

结合 Song 模型模糊逻辑关系矩阵的建立方法,上述的模糊逻辑关系可以表述为:

$$R_{1,1} = A_1^T \times A_2, R_{2,2} = A_2^T \times A_2, R_{2,3} = A_2^T \times A_3, R_{3,3} = A_3^T \times A_3;$$
$$R_{3,4} = A_3^T \times A_4, R_{4,4} = A_4^T \times A_4, R_{4,5} = A_4^T \times A_5, R_{5,5} = A_5^T \times A_5;$$
$$R_{5,3} = A_5^T \times A_3, R_{5,6} = A_5^T \times A_6, R_{6,7} = A_6^T \times A_7, R_{7,7} = A_7^T \times A_7。$$

再结合模糊集的定义方式和式(2-25),得到 Song 模型的模糊逻辑关系矩阵 $\boldsymbol{R}_S$ 为:

$$\boldsymbol{R}_S = \begin{pmatrix} 0.5 & 1 & 0.5 & 0.5 & 0 & 0 & 0 \\ 0.5 & 1 & 1 & 0.5 & 0.5 & 0 & 0 \\ 0.5 & 0.5 & 1 & 1 & 0.5 & 0.5 & 0 \\ 0 & 0.5 & 0.5 & 1 & 1 & 0.5 & 0.5 \\ 0 & 0.5 & 1 & 0.5 & 1 & 1 & 0.5 \\ 0 & 0.5 & 0.5 & 0.5 & 0.5 & 0.5 & 1 \\ 0 & 0 & 0 & 0 & 0 & 0.5 & 1 \end{pmatrix}$$

（2）Chen 模型模糊逻辑关系矩阵

按照 Chen 模型模糊逻辑关系矩阵的确定方法，模糊逻辑关系可以表述为：

① $A_1 \to A_2$；

② $A_2 \to A_2, A_2 \to A_3$；

③ $A_3 \to A_3, A_3 \to A_4$；

④ $A_4 \to A_4, A_4 \to A_5$；

⑤ $A_5 \to A_5, A_5 \to A_3, A_5 \to A_6$；

⑥ $A_6 \to A_7$；

⑦ $A_7 \to A_7$。

从而可以确定 Chen 模型的模糊逻辑关系矩阵 $\boldsymbol{R}_C$ 为：

$$\boldsymbol{R}_C = \begin{bmatrix} 1 & 0 & 0 & 0 & 0 & 0 & 0 \\ 0 & 1 & 1 & 0 & 0 & 0 & 0 \\ 0 & 0 & 1 & 1 & 0 & 0 & 0 \\ 0 & 0 & 0 & 1 & 1 & 0 & 0 \\ 0 & 0 & 1 & 0 & 1 & 1 & 0 \\ 0 & 0 & 0 & 0 & 0 & 0 & 1 \\ 0 & 0 & 0 & 0 & 0 & 0 & 1 \end{bmatrix}$$

（3）Lee 模型模糊逻辑关系矩阵

利用 Lee 模型模糊逻辑关系矩阵的建立方法，模糊逻辑关系可以分为七类，并带有相应的权重：

① $A_1 \to A_2$（权重 1）；

② $A_2 \to A_2$（权重 1），$A_2 \to A_3$（权重 1）；

③ $A_3 \to A_3$（权重 5），$A_3 \to A_4$（权重 2）；

④ $A_4 \rightarrow A_4$（权重 1），$A_4 \rightarrow A_5$（权重 2）；

⑤ $A_5 \rightarrow A_5$（权重 2），$A_5 \rightarrow A_3$（权重 1），$A_5 \rightarrow A_6$（权重 1）；

⑥ $A_6 \rightarrow A_7$（权重 1）；

⑦ $A_7 \rightarrow A_7$（权重 3）。

相应的模糊逻辑关系矩阵 $\boldsymbol{R}_\mathrm{L}$ 为：

$$\boldsymbol{R}_\mathrm{L} = \begin{pmatrix} 1 & 0 & 0 & 0 & 0 & 0 & 0 \\ 0 & 1 & 1 & 0 & 0 & 0 & 0 \\ 0 & 0 & 5 & 2 & 0 & 0 & 0 \\ 0 & 0 & 0 & 1 & 2 & 0 & 0 \\ 0 & 0 & 1 & 0 & 2 & 1 & 0 \\ 0 & 0 & 0 & 0 & 0 & 0 & 1 \\ 0 & 0 & 0 & 0 & 0 & 0 & 3 \end{pmatrix}$$

根据上述建立的模糊逻辑关系矩阵，结合式（2-26）对模糊集进行去模糊化处理。通过分析模糊逻辑关系矩阵 $\boldsymbol{R}_\mathrm{S}$ 和 $\boldsymbol{R}_\mathrm{C}$ 可以看出，在预测去模糊化过程中，两个模糊逻辑关系矩阵是一致的，但是 Chen 模型可以大大降低模型的计算复杂度。为此，下面以 Chen 模型为例进行说明。从表 3-1 可以看出，1972 年的入学注册人数为 13563，隶属于第二个模糊子区间，对应于模糊逻辑关系矩阵 $\boldsymbol{R}_\mathrm{C}$ 中的第二行，因此对 1973 年的预测值对应的模糊概念为 A_2，A_3，利用式（2-26）去模糊化可以得预测值为（13715+15244）/2 ≈ 14480，同理可以求得其他年份的预测值，Lee 模型的预测过程类似。

各个模型对应的预测结果分别见表3-2、表3-3。

表3-2 Chen模型的预测结果

时间 (年)	真实值	k-均值 模型	PSO 模型	KPSO 模型	时间 (年)	真实值	k-均值 模型	PSO 模型	KPSO 模型
1971	13055	—	—	—	1983	15497	16102	16333	15530
1972	13563	14287	13715	13055	1984	15145	16102	15368	15530
1973	13867	14287	14502	14480	1985	15163	15271	15368	15530
1974	14696	14287	14502	14480	1986	15984	15271	15368	15530
1975	15460	15271	15368	15530	1987	16859	16388	17095	16280
1976	15311	15271	15368	15530	1988	18150	17897	17095	16712
1977	15603	15271	15368	15530	1989	18970	18932	19128	19128
1978	15861	15271	15368	16280	1990	19328	18932	19128	19128
1979	16807	16388	17095	16280	1991	19337	18932	19128	19128
1980	16919	16388	17095	16712	1992	18876	18932	19128	19128
1981	16388	15640	15368	16712	MSE	—	249594	211624	210217
1982	15433	16102	15368	15530	MAPE	—	2.7255	2.1697	2.1547

表3-3 Lee模型的预测结果

时间 (年)	真实值	k-均值 模型	PSO 模型	KPSO 模型	时间 (年)	真实值	k-均值 模型	PSO 模型	KPSO 模型
1971	13055	—	—	—	1983	15497	16007	16333	15407
1972	13563	14023	13715	13055	1984	15145	16007	15606	15407

（续表）

时间（年）	真实值	k-均值模型	PSO模型	KPSO模型	时间（年）	真实值	k-均值模型	PSO模型	KPSO模型
1973	13867	14023	14502	14480	1985	15163	15175	15606	15407
1974	14696	14023	14502	14480	1986	15984	16007	15606	15407
1975	15460	15175	15606	15407	1987	16859	17552	17447	16434
1976	15311	15175	15606	15407	1988	18150	17552	17447	17477
1977	15603	15175	15606	15407	1989	18970	18932	19128	19128
1978	15861	15175	15606	16434	1990	19328	18932	19128	19128
1979	16807	16007	16333	16434	1991	19337	18932	19128	19128
1980	16919	16388	16333	16720	1992	18876	18932	19128	19128
1981	16388	16388	15606	16720	MSE	—	231471	195691	124942
1982	15433	16007	15606	15407	MAPE	—	2.4651	2.3364	1.8622

由表 3-2、表 3-3 和图 3-3 可以看出，无论采用哪种模糊逻辑关系矩阵的建立方式，本章基于 KPSO 算法建立的模糊时间序列模型的预测结果比采用单一的 k-均值算法和 PSO 算法建立的模糊时间序列模型的预测结果更接近真实值，相应地，KPSO 算法模型预测结果的均方误差小于采用单一 k-均值算法和 PSO 算法建立的模型预测结果的均方误差，进一步验证了本章基于 KPSO 算法建立的论域划分可以在一定程度上提高 FTS 模型的预测精度。

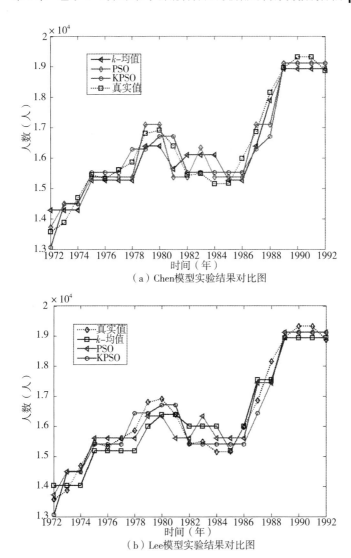

（a）Chen模型实验结果对比图

（b）Lee模型实验结果对比图

图 3-3　两类模型预测结果对比图

在时间复杂度上，三种模型的主要区别在于论域划分上。本章基于 KPSO 算法建立的论域划分模型的时间复杂度为

$O_1(kmw_1n)$,而 k-均值模糊时间序列模型的时间复杂度为 $O_2(kmw_2n)$,PSO 算法的模糊时间序列模型的时间复杂度为 $O_3(kmw_3n)$,其中 k 为聚类中心数目,m 为粒子数,w_i 为迭代次数,n 为样本数。当样本数量较少时,本章建立的模型由于粒子数的原因会增加时间成本;当样本数量较大时,由于粒子群算法较好的寻优能力以及 k-均值算法的快速收敛性能,使得迭代次数降低,从而减少了时间成本,并且本章建立的模型克服了 k-均值算法对初始值敏感的问题,增强了论域划分的合理性,从而提高了模型的预测准确度。

3.3.2 上证指数(上海股票交易综合指数)

为了进一步深入分析基于 KPSO 算法的非等分论域划分对 FTS 模型预测精度的影响,本节采用 2005 年 242 个上海股票交易综合指数(Shanghai Stock Exchange Composite Index,SSECI)为实验数据(数据来源于大智慧软件下载的历年股票指数信息),通过改变不同的聚类个数 k 来分析模型的预测精度。通过分析 2005 年上证指数可以得到最大的收盘值为 1318.27、最小收盘值为 1011.5,由此可以确定论域 $U=[1000,1320]$,其中,$\sigma_1=11.5$,$\sigma_2=1.73$。

首先,明确要将论域划分成几个模糊子区间,然后根据上述论域划分的步骤对论域进行划分,并将观测样本数据模糊化。随后,依据前 230 个观测样本数据建立相应的模糊逻辑关系矩阵,最后利用 3.2 节建立的模型对后 12 个数据进行预测,并用均方误差和平均百分比相对误差对预测结果进行分析,进一步验证基于 KPSO 算法的模糊时间序列模型的有效性。表 3-4 详细列出了当聚类个数 k 取不同值时,相应时间上证指数的预测结果(以 Chen 模型框架为例）；表3-5列出了当聚类个数 k 取不同值时，相应时间上证指数相对百分比误差（Relative Error，RE）曲线。图3-4给出了 k 取不同值时上证指数预测结果相对误差对比。

表3-4　聚类个数 k 取不同值时的 Chen 模型预测结果对比

时间	真实值	$k=7$	$k=8$	$k=9$	$k=10$	$k=11$	$k=12$	$k=13$	$k=14$
2005-12-15	1123.56	1140.01	1111.76	1120.68	1122.29	1120.58	1127.85	1123.20	1120.12
2005-12-16	1127.51	1140.01	1111.76	1120.68	1122.29	1120.58	1127.85	1123.20	1120.12
2005-12-19	1131.75	1140.01	1111.76	1120.68	1122.29	1120.58	1127.85	1123.20	1120.12
2005-12-20	1136.34	1140.01	1111.76	1148.46	1148.95	1120.58	1127.85	1123.20	1130.93
2005-12-21	1130.76	—	1157.85	1148.46	1148.95	1147.30	1127.85	1147.08	1130.93
2005-12-22	1135.24	1140.01	1111.76	1120.68	1122.29	1120.58	1127.85	1123.20	1130.93
2005-12-23	1144.87	1140.01	1157.85	1148.46	1148.95	1147.30	1127.85	1123.20	1130.93
2005-12-26	1156.82	1140.01	1157.85	1148.46	1148.95	1147.30	1127.85	1147.08	1155.91
2005-12-27	1154.29	1140.01	1157.85	1148.46	1148.95	1147.30	1160.71	1162.03	1155.91
2005-12-28	1157.03	1140.01	1157.85	1148.46	1148.95	1147.30	1160.71	1147.08	1155.91
2005-12-29	1169.86	1140.01	1157.85	1148.46	1148.95	1147.30	1160.71	1162.03	1155.91
2005-12-30	1161.06	1194.69	1157.85	1199.85	1194.97	1169.29	1177.13	1162.03	1188.15
MSE	—	286.55	251.13	250.19	211.25	144.61	141.17	121.80	114.80
MAPE	—	0.149	0.137	0.132	0.121	0.111	0.094	0.088	0.079

表3-5　聚类个数 k 不同时预测值相对误差

时间	真实值	$k=7$	$k=8$	$k=9$	$k=10$	$k=11$	$k=12$	$k=13$	$k=14$
2005-12-15	1123.56	0.0146	0.0105	0.0026	0.0011	0.0027	0.0038	0.0003	0.0031
2005-12-16	1127.51	0.0111	0.014	0.0061	0.0046	0.0061	0.0003	0.0038	0.0066
2005-12-19	1131.75	0.0073	0.0177	0.0098	0.0084	0.0099	0.0034	0.0076	0.0103
2005-12-20	1136.34	0.0032	0.0216	0.0107	0.0111	0.0139	0.0075	0.0116	0.0048
2005-12-21	1130.76	0.0082	0.024	0.0157	0.0161	0.0146	0.0026	0.0144	0.0001

（续表）

时间	真实值	$k=7$	$k=8$	$k=9$	$k=10$	$k=11$	$k=12$	$k=13$	$k=14$
2005－12－22	1135.24	0.0042	0.0207	0.0128	0.0114	0.0129	0.0065	0.0106	0.0038
2005－12－23	1144.87	0.0042	0.0113	0.0031	0.0036	0.0021	0.0149	0.0189	0.0122
2005－12－26	1156.82	0.0145	0.0009	0.0072	0.0068	0.0082	0.025	0.0084	0.0008
2005－12－27	1154.29	0.0124	0.0031	0.005	0.0046	0.0061	0.0056	0.0067	0.0014
2005－12－28	1157.03	0.0147	0.0007	0.0074	0.007	0.0084	0.0032	0.0086	0.001
2005－12－29	1169.86	0.0255	0.0103	0.0183	0.0179	0.0193	0.0078	0.0067	0.0119
2005－12－30	1161.06	0.029	0.0028	0.0334	0.0292	0.0071	0.0138	0.0008	0.0233

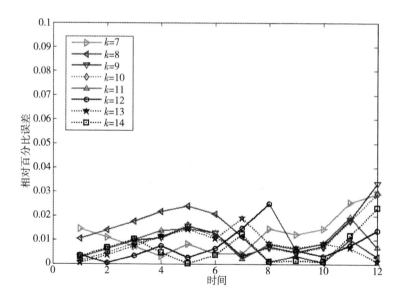

图 3-4　k 取不同值时上证指数预测结果相对误差对比图

通过分析表 3-4 和表 3-5 可以发现，随着聚类个数的增加，论域划分得更加精细，模型的预测精度更高。通过分析 k 取不同值时预测结果相对误差发现，随着 k 值的增加，相对误差愈来愈小,当 $k=14$ 时,相对误差曲线最接近 $y=0$ 曲线,并且振荡的幅度不大,由此可以说明论域划分的个数影响模型的预测精度。但是 k 的取值不能一直增大,否则模型的计算复杂度会不断增加,并且当 k 的取值很大时,模糊子区间的间隔会变得越来越小,使得模糊子区间中包含的数据之间的变化规律减少,从而就失去了模糊时间序列预测方法的意义。

3.4　改进模型在气温预测中的应用

气温是地面气象观测中时刻需要记录的常规要素,它的日常变化与自然景象以及人类的生产活动密不可分。通过气温预测,可以提前预知温度的变化情况,合理调整日常生产生活事宜,完善自然灾害预警机制,以及减少不必要的财产损失等。

日气温预测往往依赖于传统的统计学方法,需要明确的气温影响因子。例如,文献[66]研究了大气环流等因素对气温变化的影响;文献[67]运用统计降尺度的方法对日平均气温进行预测;文献[68]应用滑动相关和逐步回归的方法,建立了集合分析预测模型,对新疆冬季气温变化趋势进行了预测;文献[69]基于直接太阳辐射、热对流和空气温度之间的物理关系,建立了特定环境下的气温预测模型,等等。

大气系统是一个非线性的复杂系统,气温的变化是诸多因素相互作用的结果,其中不乏一些不确定性因素。因此,日平均气温通常具有非平稳、噪声大以及序列宽频等特点,无法掌握明显的规律,而模糊时间序列预测方法主要解决一些包含不确定性的数据预测问题。为此,本节利用上述建立的 KPSO 模糊时间序列预测模型对日气温进行预测,忽略影响气温的各种不确定因素,将气温变化转化为仅依靠时间关系的演化结果,挖掘气温中潜在的规律和发展趋势,为人们合理地安排生产生活提供科学的依据。下面以我国 2016 年 6 月某市的日平均气温为例,对本章建立模型的应用过程进行详细说明。

表 3-6　2016 年 6 月我国某市日平均气温统计表

日期	气温(℃)	日期	气温(℃)	日期	气温(℃)
06-01	26.1	06-11	29.3	06-21	30.8
06-02	27.8	06-12	28.5	06-22	28.7
06-03	29.0	06-13	28.7	06-23	27.8
06-04	30.5	06-14	27.5	06-24	27.4
06-05	30.0	06-15	29.5	06-25	27.7
06-06	29.5	06-16	28.8	06-26	27.1
06-07	29.7	06-17	29.0	06-27	28.4
06-08	29.4	06-18	30.3	06-28	27.8
06-09	28.8	06-19	30.2	06-29	29.1
06-10	29.4	06-20	30.9	06-30	30.2

首先,对样本数据进行预处理,随后按照 KPSO 算法的方法对样本数据进行聚类分析,确定论域并划分论域,然后按照 3.2 节模型的一般步骤对其进行建模分析,以此实现对日气温的预测。

为了反映日平均气温每天的变化趋势,本节采用一阶差分的方式对样本数据进行预处理,通过对一阶差分后的数据分析发现,日平均气温每天变化的范围为 $U=[-2.1,2]$,假设将论域划分为 7 个子区间,相应子区间的中心值为 $m_1=-2,m_2=-1.2,m_3=$

$-0.59, m_4 = 0.086, m_5 = 0.65, m_6 = 1.28, m_7 = 1.85$。分别采用 Chen 和 Lee 两种模型的模糊逻辑关系的建立方式对气温进行预测,结果见表 3 - 7。

表 3 - 7 2016 年 6 月我国某市日平均气温预测结果统计表

日期	气温 (℃)	模型 1 (℃)	模型 2 (℃)	日期	气温 (℃)	模型 1 (℃)	模型 2 (℃)
06 - 01	26.1	29.3467	29.3467	06 - 17	29.0	29.3573	29.1790
06 - 02	27.8	30.7597	30.7945	06 - 18	30.3	29.9087	29.8519
06 - 03	29.0	30.2597	30.2945	06 - 19	30.2	30.4597	30.4945
06 - 04	30.5	29.8573	29.6790	06 - 20	30.9	30.5087	30.4519
06 - 05	30.0	30.0573	29.8790	06 - 21	30.8	30.8857	30.8857
06 - 06	29.5	29.0087	28.9519	06 - 22	28.7	28.3087	28.2519
06 - 07	29.7	29.1573	28.9790	06 - 23	27.8	27.2100	27.2100
06 - 08	29.4	29.7573	29.5790	06 - 24	27.4	27.7573	27.5790
06 - 09	28.8	29.3857	29.3857	06 - 25	27.7	28.0573	27.8790
06 - 10	29.4	28.1087	28.0519	06 - 26	27.1	26.7087	26.6519
06 - 11	29.3	29.0573	28.8790	06 - 27	28.4	28.7573	28.5790
06 - 12	28.5	27.1087	27.0519	06 - 28	27.8	28.0597	28.0945
06 - 13	28.7	30.3500	30.3500	06 - 29	29.1	29.4573	29.2790
06 - 14	27.5	29.1467	29.1467	06 - 30	30.2	30.4597	30.4945
06 - 15	29.5	29.3467	29.3467	MSE	—	0.14326	0.12446
06 - 16	28.8	30.7597	30.7945	MAPE	—	0.01224	0.01072

其中,模型 1 为 Chen 模型预测结果,模型 2 为 Lee 模型预测结果。

通过对表 3-7 的分析发现，本节建立的 KPSO 算法的模糊时间序列预测方法很好地预测了每天日平均气温的变化趋势，Chen 和 Lee 两种模型的预测结果均贴近真实值，有效地说明了本节建立的模型在气温预测中应用的有效性和科学性。上述模型忽略了影响日平均气温的各种复杂因素，仅利用数据之间的变化趋势来描述每天气温的变化，大大降低了日平均气温预测问题的复杂度，为人们合理安排生产活动、制定灾害预警机制提供了科学依据。

第4章 基于改进的广义模糊时间序列预测方法

传统广义模糊时间序列模型考虑了影响模型预测精度的各种因素,得到的结果更加合理、可靠。但是传统广义模型在以下两个问题的处理上值得进一步研究:第一,建立广义模糊逻辑关系矩阵时,仅利用样本数据对每个模糊子集的隶属度值来确定样本数据最有可能隶属的模糊状态,而对隶属度值的大小并不关心;第二,确定要考虑的隶属度个数时,人为主观性太强。为此,针对上述两个问题,分别对传统广义模型进行改进,进一步完善广义模糊时间序列理论。

本章工作的主要安排:4.1节详细介绍广义模糊逻辑关系的定义;4.2节分析广义模糊逻辑关系在建立时未考虑对应模糊状态隶属度值大小这一不足,建立基于加权的广义模糊时间序列预测模型,并验证改进模型在一定程度上提高了模型的预测精度;4.3节针对传统广义模型中要考虑的隶属度值的个数过于主观、可解释性不强这一缺陷,结合模糊集理论中截集的性质,建立基于λ-截集的广义模糊时间序列模型,并通过实例验证了改进模型的可行性;4.4节将第3章混合智能算法对论域划分得到的结论运用到上述改进的广义模型中去,研究论域划分对模型的预测精度的影响,进一步验证了基于 KPSO 算法的有效性。

4.1　广义模糊逻辑关系

第 2 章已经给出了传统模糊时间序列模型的相关定义以及建模的过程,因此本节在传统模型的框架基础上,对广义模糊时间序列预测模型的定义进行介绍,为本章广义模型的改进奠定理论基础。

定义 4.1　设论域 U 被划分为 k 个模糊子区间 $U = \{u_1, u_2, \cdots, u_k\}$,相应的模糊集可以表示为 $A_1, A_2, \cdots, A_k$,则 t 时刻观测样本数据 x_t 对每个模糊集的隶属度可以表示为

$$F(t) = \frac{f_{A_1}(t)}{A_1} + \frac{f_{A_2}(t)}{A_2} + \cdots + \frac{f_{A_k}(t)}{A_k}$$

同理,$t+1$ 时刻观测样本数据 x_{t+1} 的模糊状态可以表示为

$$F(t+1) = \frac{f_{A_1}(t+1)}{A_1} + \frac{f_{A_2}(t+1)}{A_2} + \cdots + \frac{f_{A_k}(t+1)}{A_k}$$

其中,$f_{A_i}(t)$ 和 $f_{A_j}(t+1)$ 分别表示 t 时刻和 $t+1$ 时刻样本数据对模糊集 A_i^t 和 A_j^{t+1} 的隶属度,A_i^t 称为模糊逻辑关系的前件,A_j^{t+1} 称为模糊逻辑关系的后件,则两时刻之间可以得到 k^2 个模糊逻辑关系 $A_i^t \rightarrow A_j^{t+1}(i, j = 1, 2, \cdots, k)$。

定义 4.2　按照从大到小的顺序,将 t 时刻和 $t+1$ 时刻样本数据对模糊集的隶属度进行排列。假设 $f_{A_i}^l(t)$ 为 t 时刻观测样本数据对各个模糊集的隶属度向量中排在第 l 位的隶属度值,其对应的模糊集为 A_i^l;同理,$f_{A_j}^p(t+1)$ 为 $t+1$ 时刻观测样本数据对各个模

糊集的隶属度向量中排在第 p 位的隶属度值,其对应的模糊集为 A_j^p,则称 $A_i^l \rightarrow A_j^p$ 为 t 时刻到 $t+1$ 时刻第 l 层模糊状态与第 p 层模糊状态之间的模糊逻辑关系,记为 $F(l,p)$。

上述模糊逻辑关系,是多个模糊状态与多个模糊状态之间的关系。当 $l=1,p=1$ 时,定义 4.2 就和定义 2.15 相同,即仅仅考虑最大隶属度对应的模糊逻辑关系。因此,定义 4.2 是定义 2.15 的推广,它将样本数据对每个模糊集的隶属度都考虑进去了,相比定义 2.15 其包含了更多的信息,文献[51]将这种模糊逻辑关系的定义方式称为广义的模糊逻辑关系。通过分析发现,上述建立的 k^2 个模糊逻辑关系中有些对模型的预测结果的影响微乎其微,过多考虑反而会引入过多的冗余信息,增加模型的计算复杂度。为此,结合唯物辩证法中"突出主要矛盾"的思想给出定义 4.3。

定义 4.3　设 $f_{A_i}^l(t)$ 为 t 时刻样本数据对各个模糊集的隶属度向量中排在第 l 位的隶属度值,其对应的模糊集为 A_i^l,$f_{A_j}^1(t+1)$ 为 $t+1$ 时刻样本数据对各个模糊集隶属度值中最大的隶属度值,其对应的模糊集为 A_j^1,则称 $A_i^l \rightarrow A_j^1$ 为对应的第 l 个主要模糊关系,记为 $F(l,1)$。

4.2　基于加权的广义模糊时间序列预测方法

在 FTS 模型预测过程中,不同因素对预测结果的影响不一样。传统广义模糊时间序列预测方法在建立广义模糊逻辑关系矩阵以后,观测样本对各个模糊子区间的隶属度值就再也没有被应用到,这样的处理方式显然使得代表样本数据模糊性的隶属度信息没有被表现出来。为此,抓住影响预测结果的几个主要因素,充分考虑观测样本数据隶属于每个模糊子集的隶属度,以此作为不同因素对应预测值的权重,建立基于加权的广义模糊时间序列预测模型,并利用 Alabama 大学 22 年的入学注册人数对改进的模型的有效性和可行性进行验证。

4.2.1 加权广义模糊时间序列模型的建立

本节在传统广义模型的基础上,利用样本数据将各个模糊子集的隶属度值作为预测过程中的权重,建立基于加权的广义模糊时间序列预测模型。下面详细介绍本节提出的加权广义模糊时间序列模型的主要步骤。

步骤 1:论域划分及数据模糊化。

论域划分可以采用等分论域划分和非等分论域划分,本节为简化建立模型的计算复杂度以及与传统广义模型对比分析,采用等分论域划分方法对样本数据进行划分。假设 U 为论域,x_{max} 和 x_{min} 分别为观测样本的最大值和最小值,则

$$U = \left[x_{min} - \sigma_1, x_{max} + \sigma_2 \right]$$

其中,σ_1 和 σ_2 为合适的正整数。

通过分析数据的实际含义,用自然语言能够表述的方法对论域 U 进行模糊划分,其相应的模糊概念为 A_i(见图 4-1),由于人认识事物的模糊性,对论域的划分不能够太细,设定划分的子区间个数为 k,则子区间长度 l 为:

$$l = \frac{D}{k}$$

其中,$D = (x_{max} + \sigma_2) - (x_{min} - \sigma_1)$。

由此可得论域划分的结果为:

$$\begin{cases} u_1 = [d_1, d_2] \\ u_2 = [d_2, d_3] \\ \qquad \vdots \\ u_k = [d_k, d_{k+1}] \\ m_i = \dfrac{d_i + d_{i+1}}{2} \end{cases}$$

其中,$d_2 - d_1 = d_3 - d_2 = \cdots = d_{k+1} - d_k = l$,$d_1 = x_{\min} - \sigma_1$,$d_{k+1} = x_{\max} + \sigma_2$,$m_i$ 为第 i 个模糊子区间的中间值。

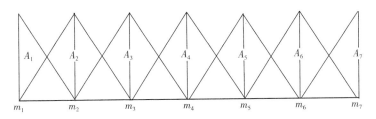

图 4-1　论域 U 上的三角模糊数

观测样本数据,对每个模糊集 A_i 的隶属度用式(4-1)进行度量,从而确定样本数据对每个模糊子区间的隶属度。

$$f_{A_i}(t) = \begin{cases} 1, i = 1, x_t \leqslant m_1 \\ 1, i = 1, x_t \geqslant m_k \\ \max\left\{0, 1 - \dfrac{|x_t - m_i|}{2 \times l}\right\}, \text{其他} \end{cases} \qquad (4-1)$$

其中,x_i 为样本数据,m_i 为第 i 个模糊子区间的中间值,l 为等分论域区间长度。

步骤 2:确定隶属度向量中要考虑的个数,并做归一化处理。

针对步骤 1 中数据模糊化的结果,得到观测样本数据对每个模糊子集的隶属度向量 $(f_{A_1}(t), f_{A_2}(t), \cdots, f_{A_k}(t))$,将观测样本对每个模糊集的隶属度值按照从大到小的顺序排序。设定要考虑的最大隶属度个数为 p,$f^p(t)$ 为隶属度向量中的第 p 大的隶属度,引入式(4-2)对隶属度向量标准化:

$$f_{A_i}^p(t) = \begin{cases} f_{A_i}(t), & f_{A_i}(t) \geqslant f^p(t) \\ 0, & \text{其他} \end{cases} \tag{4-2}$$

标准化后的隶属度向量包含了观测样本详细的初始信息,不仅包括最大隶属度所对应的位置信息,还包括其他要考虑隶属度对应的位置信息。

根据标准化的隶属度向量,利用式(4-3)对隶属度向量进行归一化,为预测确定权重。

$$\overline{(f_{A_1}^p(t)}, \overline{f_{A_2}^p(t)}, \cdots, \overline{f_{A_k}^p(t))}$$

$$= \frac{((f_{A_1}^p(t))^\alpha, (f_{A_2}^p(t))^\alpha, \cdots, (f_{A_k}^p(t))^\alpha)}{\sum_{i=1}^{k}((f_{A_i}^p(t))^\alpha)} \tag{4-3}$$

其中,k 为划分模糊概念的个数,α 为模糊参数,$\alpha \in (0, +\infty)$。

步骤 3:依据训练数据的先后建立模糊逻辑关系及关系矩阵。

设 $f_{A_i}^p(t)$ 和 $f_{A_j}^1(t+1)$ 为分别为 t 和 $t+1$ 时刻观测值 x_t 和 x_{t+1} 对模糊子集的隶属度向量中第 p 大的隶属度和第一大隶属度值,其对应的模糊子集分别为 A_i 和 A_j,则 $A_i \to A_j$ 为对应的第 p 个主要模糊逻辑关系,按照时间顺序建立第 p 层模糊逻辑关系集合。依据得到的模糊逻辑关系集合分别将其应用到传统广义模糊时间序列预测模型中,可以分别得到 p 个模糊逻辑关系矩阵 $\boldsymbol{R}(p)$。

步骤 4:建立预测模型。

根据要考虑的最大隶属度的个数以及第 p 个最大隶属度对应的模糊概念 A_i,利用步骤 3 建立的关系矩阵 $\boldsymbol{R}(p)$,分别得到第 p 个最大隶属度对应的预测值为:

$$F_{\text{val}}^{p}(t+1) = \frac{\boldsymbol{R}(p)(i,:)}{\sum\limits_{j=1}^{k} \boldsymbol{R}(p)(i,j)} \times (m_1, m_2, \cdots, m_k)^{\mathrm{T}} \qquad (4-4)$$

其中,$\boldsymbol{R}(p)$ 为第 p 大隶属度对应的模糊逻辑关系矩阵。

这样就可以得到 p 个预测值,利用式(4-3)归一化后的隶属度向量作为第 p 大隶属度对应的预测值 $F_{\text{val}}^{p}(t+1)$ 的权重值,由此可以得到最终的预测值为:

$$F_{\text{val}}(t+1) = \sum_{i=1}^{p} \overline{f_{A_i}^{p}(t)} \times F_{\text{val}}^{p}(t+1) \qquad (4-5)$$

其中,$\overline{f_{A_i}^{p}(t)}$ 为第 p 大隶属度归一化后的值,$F_{\text{val}}^{p}(t+1)$ 为第 p 大隶属度对应的预测值。

4.2.2　算例分析

利用 Alabama 大学 22 年的入学人数为实验数据,对本节加权广义模糊时间序列模型的可行性进行验证。设置要考虑的最大隶属的个数 p,分别将其应用到本节建立的加权广义模糊时间序列预测模型与传统的广义模型中,对比分析预测结果,评价本节所建立模型的优劣。

首先,根据观测样本数据的范围,确定讨论问题的论域为 $U = [13000, 20000]$。为满足与原模型对比分析的需要,同样将论域划分成 7 等份,对应的语义解释为"极少""很少""少""正常""多""很多"和"极多",利用式(4-1)对观测样本数据模糊化,各个样本数据隶属于每个模糊子集的隶属度见表 4-1。

表 4-1 Alabama 大学入学人数模糊化隶属度表

时间(年)	真实值	A_1	A_2	A_3	A_4	A_5	A_3	A_7
1971	13055	1	0.2775	0	0	0	0	0
1972	13563	0.968	0.5315	0.0315	0	0	0	0
1973	13867	0.816	0.6835	0.1835	0	0	0	0
1974	14696	0.402	0.902	0.598	0.098	0	0	0
1975	15460	0.02	0.52	0.98	0.48	0	0	0
1976	15311	0.094	0.5945	0.9055	0.4055	0	0	0
1977	15603	0	0.4485	0.9485	0.5515	0.0515	0	0
1978	15861	0	0.3195	0.8195	0.6085	0.1805	0	0
1979	16807	0	0	0.3465	0.8465	0.6535	0.1535	0
1980	16919	0	0	0.2905	0.7905	0.7095	0.2095	0
1981	16388	0	0.056	0.556	0.944	0.444	0	0
1982	15433	0.033	0.5335	0.9665	0.4665	0	0	0
1983	15497	0.15	0.5015	0.9985	0.4985	0	0	0
1984	15145	0.177	0.6775	0.8225	0.3225	0	0	0
1985	15163	0.168	0.6685	0.8315	0.3315	0	0	0
1986	15984	0	0.258	0.758	0.742	0.242	0	0
1987	16859	0	0	0.3205	0.8205	0.6795	0.1795	0

（续表）

时间（年）	真实值	A_1	A_2	A_3	A_4	A_5	A_3	A_7
1988	18150	0	0	0	0.175	0.675	0.825	0.325
1989	18970	0	0	0	0	0.265	0.765	0.735
1990	19328	0	0	0	0	0.086	0.586	0.914
1991	19337	0	0	0	0	0.0815	0.5815	0.9185
1992	18876	0	0	0	0	0.312	0.812	0.688

在改进的加权广义模型中,根据要考虑的隶属度个数 p,可以分别得到 p 组模糊逻辑关系。为了简化计算过程和说明问题的方便,本书假设 $p=2,\alpha=1$,即只考虑两个重要的模糊集,模糊系数为 1,相应的模糊逻辑关系为:

（1）最大隶属度对应的模糊逻辑关系

$A_1 \rightarrow A_1,A_1 \rightarrow A_1,A_1 \rightarrow A_2,A_2 \rightarrow A_3,A_3 \rightarrow A_3,A_3 \rightarrow A_3,$
$A_3 \rightarrow A_3,A_3 \rightarrow A_4,A_4 \rightarrow A_4,A_4 \rightarrow A_4,A_4 \rightarrow A_3,A_3 \rightarrow A_3,A_3 \rightarrow A_3,$
$A_3 \rightarrow A_3,A_3 \rightarrow A_3,A_3 \rightarrow A_4,A_4 \rightarrow A_6,A_6 \rightarrow A_6,A_6 \rightarrow A_7,A_7 \rightarrow A_7,$
$A_7 \rightarrow A_6$。

（2）次大隶属度对应的模糊逻辑关系

$A_2 \rightarrow A_1,A_2 \rightarrow A_1,A_2 \rightarrow A_2,A_3 \rightarrow A_3,A_2 \rightarrow A_3,A_2 \rightarrow A_3,$
$A_4 \rightarrow A_3,A_4 \rightarrow A_4,A_5 \rightarrow A_4,A_5 \rightarrow A_4,A_3 \rightarrow A_3,A_2 \rightarrow A_3,A_2 \rightarrow A_3,$
$A_2 \rightarrow A_3,A_2 \rightarrow A_3,A_4 \rightarrow A_4,A_5 \rightarrow A_6,A_5 \rightarrow A_6,A_7 \rightarrow A_7,A_6 \rightarrow A_7,$
$A_6 \rightarrow A_6$。

依据上述最大隶属度以及次大隶属度值对应的模糊逻辑关系集合,分别应用 Song、Chen 和 Lee 三种模糊逻辑关系矩阵的确定方法,得到相应的模糊逻辑关系矩阵为:

（1）Song 模糊逻辑关系矩阵

$$\boldsymbol{R}_{\mathrm{S}}(1) = \begin{pmatrix} 1 & 1 & 0.5 & 0.5 & 0 & 0 & 0 \\ 0.5 & 0.5 & 1 & 0.5 & 0.5 & 0 & 0 \\ 0 & 0.5 & 1 & 1 & 0.5 & 0.5 & 0.5 \\ 0 & 0.5 & 1 & 1 & 0.5 & 1 & 0.5 \\ 0 & 0.5 & 0.5 & 0.5 & 0.5 & 0.5 & 0.5 \\ 0 & 0 & 0 & 0 & 0.5 & 1 & 1 \\ 0 & 0 & 0 & 0 & 0.5 & 1 & 1 \end{pmatrix}$$

$$\boldsymbol{R}_{\mathrm{S}}(2) = \begin{pmatrix} 0.5 & 0.5 & 0.5 & 0.5 & 0 & 0 & 0 \\ 1 & 1 & 1 & 0.5 & 0 & 0 & 0 \\ 0.5 & 0.5 & 1 & 0.5 & 0.5 & 0 & 0 \\ 0 & 0.5 & 1 & 1 & 0.5 & 0.5 & 0.5 \\ 0 & 0.5 & 0.5 & 1 & 0.5 & 1 & 0.5 \\ 0 & 0 & 0.5 & 0.5 & 0.5 & 1 & 1 \\ 0 & 0 & 0 & 0 & 0.5 & 0.5 & 1 \end{pmatrix}$$

（2）Chen 模糊逻辑关系矩阵

$$\boldsymbol{R}_{\mathrm{C}}(1) = \begin{pmatrix} 1 & 1 & 0 & 0 & 0 & 0 & 0 \\ 0 & 0 & 1 & 0 & 0 & 0 & 0 \\ 0 & 0 & 1 & 1 & 0 & 0 & 0 \\ 0 & 0 & 1 & 1 & 0 & 1 & 0 \\ 0 & 0 & 0 & 0 & 0 & 0 & 0 \\ 0 & 0 & 0 & 0 & 0 & 1 & 1 \\ 0 & 0 & 0 & 0 & 0 & 1 & 1 \end{pmatrix}$$

$$\boldsymbol{R}_{\mathrm{C}}(2) = \begin{pmatrix} 0 & 0 & 0 & 0 & 0 & 0 & 0 \\ 1 & 1 & 1 & 0 & 0 & 0 & 0 \\ 0 & 0 & 1 & 0 & 0 & 0 & 0 \\ 0 & 0 & 1 & 1 & 0 & 0 & 0 \\ 0 & 0 & 0 & 1 & 0 & 1 & 0 \\ 0 & 0 & 0 & 0 & 0 & 1 & 1 \\ 0 & 0 & 0 & 0 & 0 & 0 & 1 \end{pmatrix}$$

（3）Lee 模糊逻辑关系矩阵

$$\boldsymbol{R}_{\mathrm{L}}(1) = \begin{pmatrix} 2 & 1 & 0 & 0 & 0 & 0 & 0 \\ 0 & 0 & 1 & 0 & 0 & 0 & 0 \\ 0 & 0 & 7 & 2 & 0 & 0 & 0 \\ 0 & 0 & 1 & 2 & 0 & 1 & 0 \\ 0 & 0 & 0 & 0 & 0 & 0 & 0 \\ 0 & 0 & 0 & 0 & 0 & 1 & 1 \\ 0 & 0 & 0 & 0 & 0 & 1 & 1 \end{pmatrix}$$

$$\boldsymbol{R}_{\mathrm{L}}(2) = \begin{pmatrix} 0 & 0 & 0 & 0 & 0 & 0 & 0 \\ 2 & 1 & 6 & 0 & 0 & 0 & 0 \\ 0 & 0 & 2 & 0 & 0 & 0 & 0 \\ 0 & 0 & 2 & 2 & 0 & 0 & 0 \\ 0 & 0 & 0 & 2 & 0 & 2 & 0 \\ 0 & 0 & 0 & 0 & 0 & 1 & 1 \\ 0 & 0 & 0 & 0 & 0 & 0 & 1 \end{pmatrix}$$

结合样本数据隶属于各个模糊子集的隶属度以及设置需要考

虑的隶属度个数 p,分别利用式(4-2)、式(4-3)对隶属度表进行标准化和归一化,并将归一化后样本数据的隶属度向量作为预测值的权重。参照 Song、Chen 和 Lee 提出的预测规则,利用式(4-4)分别求出第 p 大隶属度对应模糊子集对下一时刻的预测值 $F_{val}^{p}(t+1)$,然后采用式(4-5)求解出模型的最终预测结果。下面以加权 Song 模型为例求解预测值,1971 年的观测样本数据对每个模糊子集的隶属度向量为(1,0.2775,0,0,0,0,0),观测值对应的模糊集为 A_1 和 A_2,归一化后的隶属度向量为(0.7828,0.2172,0,0,0,0,0),最大隶属度对应的模糊子集为 A_1,其预测主要用到的模糊关系对应于 $R_S(1)$ 的第一行,此时的预测值 $F_{val}^{1}(1972)$ 为 14000;次大隶属度对应的模糊子集为 A_2,用到的主要模糊关系为 $R_S(2)$ 的第二行,此时的预测值 $F_{val}^{1}(1972)$ 为 14500,则 1972 年的最终预测值为 0.7828×14000+0.2172×14500≈14109。类似可以得到其他各年的预测结果,Chen 和 Lee 模型的预测过程也与之类似。表 4-2 为传统广义模型和本节加权广义模型分别在 Song、Chen 以及 Lee 模型上应用的预测结果,最后两行分别为对应模型的均方误差和平均百分比相对误差。

表 4-2 传统广义模型与加权广义模型的预测结果对比

时间(年)	真实值	模型 1	模型 2	模型 3	模型 4	模型 5	模型 6
1971	13055	—	—	—	—	—	—
1972	13563	14326	14326	14195	14108	14109	14075
1973	13867	14531	14531	14424	14228	14177	14227
1974	14696	14684	14684	14593	14199	14228	14340
1975	15460	15699	15699	15189	15500	15500	15500

（续表）

时间(年)	真实值	模型 1	模型 2	模型 3	模型 4	模型 5	模型 6
1976	15311	15827	15827	15645	15406	15480	15453
1977	15603	15802	15802	15634	15449	15406	15414
1978	15861	16365	16306	16100	16000	16000	15886
1979	16807	16442	16378	16188	16000	16000	15924
1980	16919	16976	17124	17077	17149	17124	17077
1981	16388	16980	17149	17105	17080	17149	17105
1982	15433	16597	16524	16369	16359	16339	16287
1983	15497	15822	15822	15643	15499	15467	15446
1984	15145	15833	15833	15648	15323	15499	15462
1985	15163	15774	15774	15622	15332	15323	15371
1986	15984	15777	15777	15623	15258	15332	15376
1987	16859	16479	16412	16231	16000	16000	15942
1988	18150	16978	17135	17090	17133	17135	17790
1989	18970	18100	18325	18325	18265	18325	18325
1990	19328	19000	19000	19000	19195	19245	19245
1991	19337	19000	19000	19000	19000	19000	19000
1992	18876	19000	19000	19000	19000	19000	19000
MSE	—	332828	307495	21473	274841	271031	222048
MAPE	—	3.0354	3.0215	2.7020	2.5465	2.5741	2.3188

其中,模型 1 为传统广义 Song 模型;模型 2 为传统广义 Chen 模型;模型 3 为传统广义 Lee 模型;模型 4 为加权广义 Song 模型;模型 5 为加权广义 Chen 模型;模型 6 为加权广义 Lee 模型。

由表 4-2 可以看出,本节建立的加权广义模糊时间序列模型的均方误差和平均百分比相对误差都比对应的传统广义模型要低,这说明了加权广义模型在一定程度上提升了模型的预测准确度。

从表 4-1 可以看出,要考虑的隶属度个数 p 最大可以取 4,为了分析考虑不同隶属度个数时改进模型预测精度的变化情况,表 4-3 列出了加权广义模型在考虑不同隶属度个数时的预测精度,图 4-2 分别列出了 $p=2,3,4$ 时相应加权广义的 Song 模型、Chen 模型和 Lee 模型的预测结果对比图。

表 4-3　$p=2,3,4$ 时改进模型预测精度表

误差指标	加权广义 Song 模型			加权广义 Chen 模型			广义加权 Lee 模型		
	$p=2$	$p=3$	$p=4$	$p=2$	$p=3$	$p=4$	$p=2$	$p=3$	$p=4$
MSE	274841	232745	255099	271031	204519	248056	222048	199877	219363
MAPE	2.5465	2.2601	2.3572	2.5741	2.2395	2.4207	2.3188	2.1677	2.24336

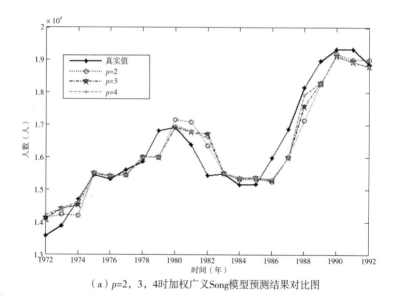

（a）$p=2$，3，4 时加权广义 Song 模型预测结果对比图

图 4-2　$p=2,3,4$ 时加权广义模型预测结果对比图

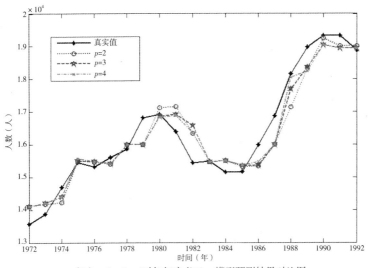

（b）p=2，3，4时加权广义Chen模型预测结果对比图

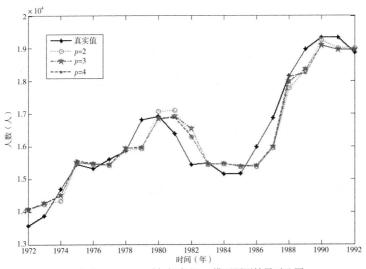

（c）p=2，3，4时加权广义Lee模型预测结果对比图

图 4 - 2　p＝2,3,4 时加权广义模型预测结果对比图（续）

由此可以看出,不论是哪种模型,$p=3$ 时的预测结果比 $p=2$ 及 $p=4$ 时的预测结果都更加接近真实值。上述结论表明,当需要考虑的隶属度个数越多时,说明对预测结果影响的因素越多,丢失的信息就越少,模型的预测精度越好。但是 p 值的选取不宜过大,因为对预测结果影响较大的因素一般是有限的或者有些因素对模型的影响微乎其微,过多地考虑不仅会引入一些冗余信息,还会增加模型的复杂度。

4.3 基于 λ-截集的广义模糊时间序列预测方法

广义模糊时间序列模型是最新的研究成果,其中以邱望仁和王庆林提出的模型最具代表性。通过对现有广义模型的分析发现,建模过程中要考虑的隶属度个数是人为主观确定的,当需要考虑的隶属度个数确定后,如果样本数据对模糊集的隶属度太小,那么它们的引入不仅会增加模型的复杂度,还会引入多余的信息,降低模型的预测精度。为此,本节结合模糊集理论中 λ-截集的性质,将一些具有显著特点的信息从模糊信息提取出来,确定要考虑的隶属度个数,建立基于 λ-截集的广义模糊时间序列预测模型。

4.3.1 λ-截集的广义模糊逻辑关系

在传统的广义模糊时间序列模型中,考虑到隶属度的个数 p 是人为主观确定的,对于这样的广义模糊逻辑关系而言,当 $p=1$ 时,广义模糊时间序列就退化成只考虑最大隶属度的模糊时间序列;而当 p 值过大时,不仅会增加模型的计算复杂度,还会引入一些多余的信息,反而得不到理想的预测结果。虽然传统广义模型在广义模糊逻辑关系的建立方面做了相应的简化处理,只考虑了模糊逻辑关系 $F(l,1)$,$1 \leqslant l \leqslant p$,即 t 时刻第 l 位隶属度对应的模糊状态与 $t+1$ 时刻最大隶属度对应模糊状态之间的关系;但是当样本数据第 l 位的隶属度很小时,其对应的模糊状态对下一时刻的影响也会微乎其微,过多考虑反而会增加模型的复杂度、降低预测精度。为此,本节结合模糊集理论中 λ-截集的性质,通过设定合理的阈值 λ,筛选出对预测结果影响比较大的模糊状态,确定广义模糊逻辑关系。

首先,设定一个合理的阈值 λ,假设 t 时刻的样本数据 x_t 对每个模糊集的隶属度为 $(f_{A_1}(t),f_{A_2}(t),\cdots,f_{A_k}(t))$,依据式(4-6)以及截集的性质对其进行预处理,确定要考虑的模糊状态:

$$f_{A_i}(t)_{\overline{\lambda}}=\begin{cases}f_{A_i}(t),&f_{A_i}(t)>\lambda\\0,&f_{A_i}(t)\leqslant\lambda\end{cases}\qquad(4-6)$$

由此得到 t 时刻要考虑的模糊状态个数 p_t 以及相应模糊状态对应的隶属度,将其按从大到小的顺序排列为 $f_{A_i}^l(t)$,$1\leqslant l\leqslant p_t$,其中 $f_{A_i}^l(t)$ 是排在第 l 位的隶属度,其对应的模糊状态为 A_i^l,由此得到 t 时刻需要考虑的模糊状态;同理,$t+1$ 时刻要考虑模糊状态的个数为 p_{t+1},其中 $f_{A_j}^n(t+1)$ 是排在第 n 位的隶属度,其对应的模糊状态为 A_j^n,则将 $A_i^l\to A_j^n$ 称为 t 时刻到 $t+1$ 时刻第 l 层模糊状态与第 n 层模糊状态之间的模糊逻辑关系,记为 $F(l,n)$,其中 $1\leqslant l\leqslant p_t$,$1\leqslant n\leqslant p_{t+1}$,则包含 $p_t\times p_{t+1}$ 个普通的模糊逻辑关系。

根据各个时刻所确定的隶属度个数 p_t,$t=1,2,\cdots$,利用式(4-7)确定需要建立模糊逻辑关系矩阵的个数 p:

$$p = \max(p_t), t = 1, 2, \cdots \qquad (4-7)$$

为了简化模型的计算复杂度,本节只考虑模糊逻辑关系 $F(l,1)$,$1 \leqslant l \leqslant p_t$,即假设 $f_{A_i}^l(t)$ 和 $f_{A_j}^1(t+1)$ 分别为 t 和 $t+1$ 时刻观测值 x_t 和 x_{t+1} 对模糊子集的隶属度向量中第 l 大的隶属度和第一大隶属度值,其对应的模糊子集分别为 A_i^l 和 A_j^1,则 $A_i^l \rightarrow A_j^1$ 为对应的第 l 层模糊逻辑关系按照时间先后顺序建立的第 l 层模糊逻辑关系集合。依据得到的模糊逻辑关系集合,可以得到 p 个模糊逻辑关系矩阵 $\boldsymbol{R}^l$,$1 \leqslant l \leqslant p$,相应的关系矩阵建立方法和 Song 模型、Chen 模型以及 Lee 模型相同。

4.3.2 基于 λ-截集的广义模糊时间序列预测模型的建立

上一节详细介绍了基于 λ-截集的广义模糊逻辑关系的确定方法,通过设定合理的阈值 λ,遴选出对下一时刻预测结果影响比较大的因素,解决了过多引入微小因素会增加模型的复杂度、降低预测精度的问题。为此,本节以加权广义模型的基本框架为基础,结合 λ-截集的性质,对基于 λ-截集的广义模糊时间序列模型的具体过程进行说明。

步骤 1:论域划分及数据模糊化。

这一步和传统广义模糊时间序列模型的论域划分过程一样,根据需要确定论域划分的方法,这里不做过多的赘述。

步骤 2:确定隶属度向量中要考虑的个数,并做归一化处理。

依据第一步数据模糊化的结果得到观测样本数据对各个模糊子集的隶属度向量 $(f_{A_1}(t), f_{A_2}(t), \cdots, f_{A_k}(t))$。设定合理的阈值 λ,依据式(4-6)确定 t 时刻要考虑的隶属度个数 p_t 以及其对应的模糊概念,引入式(4-8)对预处理后的隶属度向量标准化,为预测确定权重:

$$(\overline{f_{A_1}(t)}, \overline{f_{A_2}(t)}, \cdots, \overline{f_{A_k}(t)})$$

$$= \frac{((f_{A_1}(t)\overline{_\lambda})^\alpha, (f_{A_2}(t)\overline{_\lambda})^\alpha, \cdots, (f_{A_k}(t)\overline{_\lambda})^\alpha)}{\sum_{i=1}^{k}((f_{A_i}(t)\overline{_\lambda})^\alpha)} \quad (4-8)$$

其中, k 为划分模糊概念个数, α 为模糊系数。

步骤 3:依据训练数据的先后建立模糊逻辑关系及关系矩阵。

这一步和加权广义模型建立模糊逻辑关系的过程类似,只不过是通过阈值 λ 的设定来确定要考虑的模糊概念,相应模糊逻辑关系以及关系矩阵的建立方法和 4.2 节相同。

步骤 4:建立预测模型。

依据 t 时刻要考虑的最大隶属度的个数 p_t 以及第 l 大隶属度对应的模糊状态 A_i^l,利用第三步建立的关系矩阵 $\boldsymbol{R}^l$,分别得到第 l 个最大隶属度对应的预测值 $F_{\text{val}}^l(t+1)$:

$$F_{\text{val}}^l(t+1) = \frac{\boldsymbol{R}^l(i,:)}{\sum_{j=1}^{k} \boldsymbol{R}^l(i,j)} \times (m_1, m_2, \cdots, m_k)^{\mathrm{T}} \quad (4-9)$$

这样就可以得到 p_t 个预测值,利用式(4-8)归一化后的隶属度向量作为第 l 大隶属度对应的预测值 $F_{\text{val}}^l(t+1)$ 的权重值,得到 $t+1$ 时刻的预测值为:

$$F_{\text{val}}(t+1) = \sum_{i=1}^{p_t} (\overline{f^l(t)} \times F_{\text{val}}^l(t+1)) \quad (4-10)$$

其中, $\overline{f^l(t)}$ 为第 l 大隶属度归一化后的值, $F_{\text{val}}^l(t+1)$ 为第 l 大隶属度对应的预测值, $\boldsymbol{R}^l(i,:)$ 是 t 时刻第 l 大隶属度对应的模糊状态 A_i^l 在第 l 个模糊关系矩阵 $\boldsymbol{R}^l$ 对应的行向量, $(m_1, m_2, \cdots, m_k)^{\mathrm{T}}$ 为每个子区间对应的中心值。

经过上面四步,就完成了对广义模糊时间序列预测模型的改进,通过利用模糊集理论中截集的性质,把对预测结果影响较大的因素提取出来,剔去对预测结果影响不大的因素,提高模型的预测精度。下面就以 Alabama 大学入学注册人数为实验数据,从实验的角度验证模型的有效性。

4.3.3 算例分析

设定合理的阈值 λ,依据表 4-1 中的实验数据对每个模糊子集的隶属度获得每个时刻需要考虑的模糊状态。为了简化计算和方便说明问题,结合样本数据隶属度,本节考虑 λ 分别为 $0,0.35$,$0.5,0.7$ 四种情况下每年入学人数对应的模糊状态,并且按照隶属度大小排列,见表 4-4。

表 4-4 $\lambda=0,0.35,0.5,0.7$ 时需要考虑的模糊状态表

时间(年)	$\lambda=0$	$\lambda=0.35$	$\lambda=0.5$	$\lambda=0.7$
1971	$A_1 A_2$	A_1	A_1	A_1
1972	$A_1 A_2 A_3$	$A_1 A_2$	$A_1 A_2$	A_1
1973	$A_1 A_2 A_3$	$A_1 A_2$	$A_1 A_2$	A_1
1974	$A_2 A_3 A_1 A_4$	$A_2 A_3 A_1$	$A_2 A_3$	A_2
1975	$A_3 A_2 A_4 A_1$	$A_3 A_2 A_4$	$A_3 A_2$	A_3
1976	$A_3 A_2 A_4 A_1$	$A_3 A_2 A_4$	$A_3 A_2$	A_3
1977	$A_3 A_4 A_2 A_5$	$A_3 A_4 A_2$	$A_3 A_4$	A_3
1978	$A_3 A_4 A_2 A_5$	$A_3 A_4$	$A_3 A_4$	A_3
1979	$A_4 A_5 A_3 A_6$	$A_4 A_5$	$A_4 A_5$	A_4
1980	$A_4 A_5 A_3 A_6$	$A_4 A_5$	$A_4 A_5$	$A_4 A_5$

（续表）

时间（年）	$\lambda=0$	$\lambda=0.35$	$\lambda=0.5$	$\lambda=0.7$
1981	$A_4A_3A_5A_2$	$A_4A_3A_5$	A_4A_3	A_4
1982	$A_3A_2A_4A_1$	$A_3A_2A_4$	A_3A_2	A_3
1983	$A_3A_2A_4A_1$	$A_3A_2A_4$	A_3A_2	A_3
1984	$A_3A_2A_4A_1$	A_3A_2	A_3A_2	A_3
1985	$A_3A_2A_4A_1$	A_3A_2	A_3A_2	A_3
1986	$A_3A_4A_2A_5$	A_3A_4	A_3A_4	A_3A_4
1987	$A_4A_5A_3A_6$	A_4A_5	A_4A_5	A_4
1988	$A_6A_5A_7A_4$	A_6A_5	A_6A_5	A_6
1989	$A_6A_7A_5$	A_6A_7	A_6A_7	A_6A_7
1990	$A_7A_6A_5$	A_7A_6	A_7A_6	A_7
1991	$A_7A_6A_5$	A_7A_6	A_7A_6	A_7
1992	$A_6A_7A_5$	A_6A_7	A_6A_7	A_6

以 $\lambda=0.35$ 为例，根据式（4-7）可以确定需要建立 3 层模糊关系，依据上述建立广义的模糊逻辑关系的步骤可得：

（1）第 1 层模糊关系

$A_1 \to A_1$，$A_1 \to A_1$，$A_1 \to A_2$，$A_2 \to A_3$，$A_3 \to A_3$，$A_3 \to A_3$，$A_3 \to A_3$，$A_3 \to A_4$，$A_4 \to A_4$，$A_4 \to A_4$，$A_4 \to A_3$，$A_3 \to A_3$，$A_3 \to A_3$，$A_3 \to A_3$，$A_3 \to A_3$，$A_3 \to A_4$，$A_4 \to A_6$，$A_6 \to A_6$，$A_6 \to A_7$，$A_7 \to A_7$，$A_7 \to A_6$。

（2）第 2 层模糊关系

$A_2 \to A_1$，$A_2 \to A_2$，$A_3 \to A_3$，$A_2 \to A_3$，$A_2 \to A_3$，$A_4 \to A_3$，$A_4 \to A_4$，$A_5 \to A_4$，$A_5 \to A_4$，$A_3 \to A_3$，$A_2 \to A_3$，$A_2 \to$

A_3 , $A_2 \rightarrow A_3$, $A_2 \rightarrow A_3$, $A_2 \rightarrow A_3$, $A_4 \rightarrow A_4$, $A_5 \rightarrow A_6$, $A_5 \rightarrow A_6$, $A_7 \rightarrow A_7$, $A_6 \rightarrow A_7$, $A_6 \rightarrow A_6$ 。

（3）第 3 层模糊关系

$A_1 \rightarrow A_3$, $A_4 \rightarrow A_3$, $A_4 \rightarrow A_3$, $A_2 \rightarrow A_3$, $A_5 \rightarrow A_3$, $A_4 \rightarrow A_3$, $A_4 \rightarrow A_3$ 。

依据上述模糊关系，分别应用 Chen 和 Lee 两种模型的模糊逻辑关系矩阵的确定方法，得到相应的模糊逻辑关系矩阵为：

（1）Chen 模型模糊关系矩阵

$$R_C(1) = \begin{pmatrix} 1 & 1 & 0 & 0 & 0 & 0 & 0 \\ 0 & 0 & 1 & 0 & 0 & 0 & 0 \\ 0 & 0 & 1 & 1 & 0 & 0 & 0 \\ 0 & 0 & 1 & 1 & 0 & 1 & 0 \\ 0 & 0 & 0 & 0 & 0 & 0 & 0 \\ 0 & 0 & 0 & 0 & 0 & 1 & 1 \\ 0 & 0 & 0 & 0 & 0 & 1 & 1 \end{pmatrix}$$

$$R_C(2) = \begin{pmatrix} 0 & 0 & 0 & 0 & 0 & 0 & 0 \\ 1 & 1 & 1 & 0 & 0 & 0 & 0 \\ 0 & 0 & 1 & 0 & 0 & 0 & 0 \\ 0 & 0 & 1 & 1 & 0 & 0 & 0 \\ 0 & 0 & 0 & 1 & 0 & 1 & 0 \\ 0 & 0 & 0 & 0 & 0 & 1 & 1 \\ 0 & 0 & 0 & 0 & 0 & 0 & 1 \end{pmatrix}$$

$$\boldsymbol{R}_{\mathrm{C}}(3) = \begin{pmatrix} 0 & 0 & 1 & 0 & 0 & 0 & 0 \\ 0 & 0 & 1 & 0 & 0 & 0 & 0 \\ 0 & 0 & 0 & 0 & 0 & 0 & 0 \\ 0 & 0 & 1 & 0 & 0 & 0 & 0 \\ 0 & 0 & 1 & 0 & 0 & 0 & 0 \\ 0 & 0 & 0 & 0 & 0 & 0 & 0 \\ 0 & 0 & 0 & 0 & 0 & 0 & 0 \end{pmatrix}$$

（2）Lee 模型模糊关系矩阵

$$\boldsymbol{R}_{\mathrm{L}}(1) = \begin{pmatrix} 2 & 1 & 0 & 0 & 0 & 0 & 0 \\ 0 & 0 & 1 & 0 & 0 & 0 & 0 \\ 0 & 0 & 7 & 2 & 0 & 0 & 0 \\ 0 & 0 & 1 & 2 & 0 & 1 & 0 \\ 0 & 0 & 0 & 0 & 0 & 0 & 0 \\ 0 & 0 & 0 & 0 & 0 & 1 & 1 \\ 0 & 0 & 0 & 0 & 0 & 1 & 1 \end{pmatrix}$$

$$\boldsymbol{R}_{\mathrm{L}}(2) = \begin{pmatrix} 0 & 0 & 0 & 0 & 0 & 0 & 0 \\ 1 & 1 & 6 & 0 & 0 & 0 & 0 \\ 0 & 0 & 2 & 0 & 0 & 0 & 0 \\ 0 & 0 & 2 & 2 & 0 & 0 & 0 \\ 0 & 0 & 0 & 2 & 0 & 2 & 0 \\ 0 & 0 & 0 & 0 & 0 & 1 & 1 \\ 0 & 0 & 0 & 0 & 0 & 0 & 1 \end{pmatrix}$$

$$\mathbf{R}_{\mathrm{L}}(3) = \begin{bmatrix} 0 & 0 & 1 & 0 & 0 & 0 & 0 \\ 0 & 0 & 1 & 0 & 0 & 0 & 0 \\ 0 & 0 & 0 & 0 & 0 & 0 & 0 \\ 0 & 0 & 4 & 0 & 0 & 0 & 0 \\ 0 & 0 & 1 & 0 & 0 & 0 & 0 \\ 0 & 0 & 0 & 0 & 0 & 0 & 0 \\ 0 & 0 & 0 & 0 & 0 & 0 & 0 \end{bmatrix}$$

结合样本数据隶属于各个模糊子集的隶属度以及设置的阈值 λ，利用式(4-6)、式(4-8)对隶属度表进行预处理和归一化，并将归一化后的样本数据的隶属度向量作为预测值的权重。参照 Chen 和 Lee 提出的预测规则，分别求出 t 时刻第 l 大隶属度对应模糊子集对下一时刻的预测值 $F_{\mathrm{val}}^l(t+1)$，然后采用式(4-8)求解出模型的最终预测结果。下面以 Chen 模型为例求解预测值，$\lambda=0.35$，1972 年的入学人数对每个模糊集的隶属度向量为(0.9685, 0.5315, 0.0315, 0, 0, 0, 0)，观测值对应的模糊集为 A_1^1 和 A_2^2，归一化后的隶属度向量为(0.6457, 0.3543, 0, 0, 0, 0, 0)，最大隶属度对应的模糊子集为 A_1，其预测主要用到的模糊关系对应于 $\mathbf{R}_{\mathrm{C}}(1)$ 的第一行，此时的预测值 $F_{\mathrm{val}}^1(1973)$ 为 14000；次大隶属度对应的模糊子集为 A_2，用到的主要模糊关系为 $\mathbf{R}_{\mathrm{C}}(2)$ 的第二行，此时的预测值 $F_{\mathrm{val}}^2(1973)$ 为 14500，则 1973 年的最终预测值为 $0.6457 \times 14000 + 0.3543 \times 14500 \approx 14177$。类似可以得到其他各年的预测结果，Lee 模型的预测过程也与此类似。表 4-5 为 4.2 节加权广义模型在 $p=3$ 时的预测结果与本节 $\lambda=0.35$ 时的加权广义模糊时间序列模型预测结果对比，最后两行分别为对应模型的均方误差和平均百分比相对误差;表4-6为本节建立模型在考虑不同阈值λ时模型预测精度变化情况。

表4-5 λ=0.35时的加权广义模型与 $p=3$ 时的加权广义模型预测结果对比

时间(年)	真实值	模型1	模型2	模型3	模型4	时间(年)	真实值	模型1	模型2	模型3	模型4
1971	13055	—	—	—	—	1983	15984	15475	15459	15474	15507
1972	13563	14109	14075	14000	13833	1984	16388	15499	15472	15499	15517
1973	13867	14210	14261	14177	14291	1985	16807	15367	15403	15323	15452
1974	14696	14394	14510	14328	14422	1986	16859	15474	15407	15432	15456
1975	15145	15574	15574	15500	15500	1987	16919	16000	15998	16019	15942
1976	15163	15485	15464	15485	15512	1988	18150	18056	18145	17535	17590
1977	15311	15429	15435	15426	15489	1989	18876	18238	18238	18325	18325
1978	15433	16000	15956	15885	15797	1990	18970	19033	19096	19245	19245
1979	15460	16000	15985	16371	16382	1991	19328	18937	18959	19000	19000
1980	15497	16838	16846	17124	17077	1992	19337	18940	18961	19000	19000
1981	15603	16878	16890	17149	17105	MSE	—	204519	199877	185673	179425
1982	15861	16347	16304	16147	16107	MAPE	—	2.2395	2.1677	2.1578	2.1099

表4-5中模型1为 $p=3$ 时的加权广义 Chen 模型,模型2为 $p=3$ 时的加权广义 Lee 模型,模型3为 $\lambda=0.35$ 时的加权广义 Chen 模型,模型4为 $\lambda=0.35$ 时的加权广义 Lee 模型。

图4-3描述了当λ取不同值时广义 Chen 模型以及 Lee 模型的均方误差随λ的变化曲线,为了保证最少能考虑到样本数据最大隶属度所对应的模糊信息,这里λ取值范围设置为 $0 \leqslant \lambda \leqslant 0.7$。从图4-4中可以看出,当 $\lambda=0.35$ 时,两个模型均获得最优值。表4-6列出了当λ取特殊值时模型的预测精度。

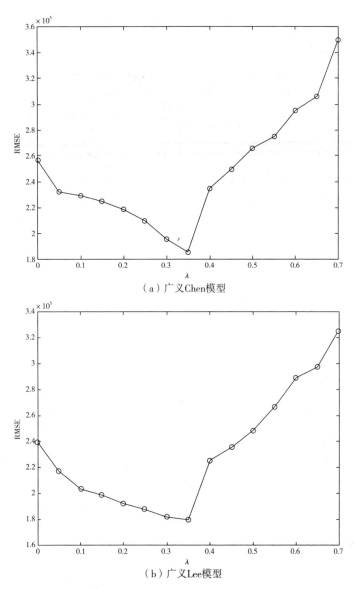

（a）广义Chen模型

（b）广义Lee模型

图 4-3 λ取不同值时广义模型预测精度变化曲线

表4-6　λ＝0,0.35,0.5,0.7时预测精度表

误差指标	广义 Chen 模型				广义 Lee 模型			
	λ＝0	λ＝0.35	λ＝0.5	λ＝0.7	λ＝0	λ＝0.35	λ＝0.5	λ＝0.7
MSE	236653	185673	265929	379901	219363	179425	218659	354726
MAPE	2.3899	2.1578	2.5359	2.9340	2.2434	2.1099	2.2925	2.6627

由表4-6可以看出,本节建立的基于λ-截集的广义模型在 λ＝0.35时得到的结果的均方误差和平均百分比相对误差都比上 节改进的加权广义模糊时间序列模型要低,这说明了本节改进模 型的可行性和可靠性。图4-3描述改进模型在考虑不同λ时的预 测精度变化情况,当λ取值很小时,广义模型考虑的隶属度个数会

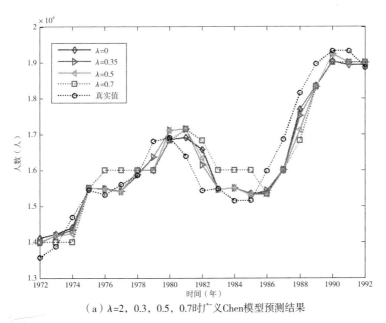

（a）λ=2,0.3,0.5,0.7时广义Chen模型预测结果

图4-4　λ＝0,0.35,0.5,0.7时广义模型预测结果

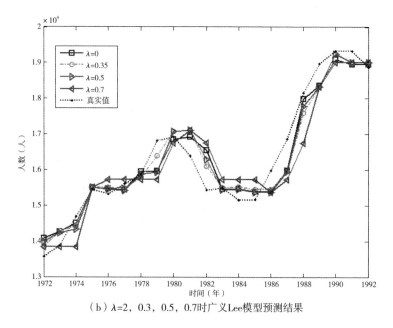

（b）λ=2，0.3，0.5，0.7时广义Lee模型预测结果

图4-4 $\lambda = 0,0.35,0.5,0.7$ 时广义模型预测结果（续）

很多，但是有用的信息一般是有限的，过多的信息反而会降低模型的预测精度；当λ取值很大时，考虑的隶属度个数会减少，为此会丢失掉一些有用的信息，模型的预测精度依旧不会很高。因此，根据样本数据的分布结构特征和实际应用的意义，合理地选取阈值λ对模型的预测精度至关重要。

4.4　论域划分在改进广义模糊时间序列模型中的应用

由于广义模糊时间序列模型的提出比较晚，现有的研究还存在很多不足之处。依据人们对 FTS 的研究发现，论域划分对模型的预测精度有很大的影响，而目前广义模糊时间序列模型都是在 Song 提出的等分论域划分方法基础上进行研究的。等分论域划分方法实现简单,操作方便,尤其是在隶属度函数的设置上表现出了很强的简便性。但是等分论域划分方法操作比较粗糙,区间长度选取不当会使样本数据钝化,模型的预测精度不高。为此,本节将第 3 章提出的 k-均值粒子算法的论域划分方法应用到本章建立的改进广义模糊时间序列模型中去,丰富广义模糊时间序列理论。

本节主要介绍 k-均值和 PSO 融合算法在上述改进广义模型中的应用,模型的建模过程基本不发生变化,只是在模型的第一步用第 3 章的论域划分方法代替 Song 模型的等分论域划分。为此,这里对模型的每个步骤不再做过多的叙述,而是直接用实验的方式对模型的可行性进行研究。

第 3 章对 Alabama 大学入学注册人数进行了研究,其聚类中心为:13055,13715,15244,15816,16743,18150 和 19128,划分的每个子区间为 $u_1 = [13000,13385]$,$u_2 = [13385,14480]$,$u_3 = [14480,15530]$,$u_4 = [15530,16280]$,$u_5 = [16280,17447]$,$u_6 = [17447,18639]$,$u_7 = [18639,20000]$。表 3-1 列出了样本数据模糊化的结果,然后分别根据 4.2 节和 4.3 节改进广义模糊时间序列模型的具体过程设计实验,并用均方误差和平均百分比相对误差对模型的预测精度进行衡量。其中表 4-7 列出了当 $p = 2$ 和 $\lambda = 0.35$ 时的模型预测结果;表 4-8 和表 4-9 分别列出了 p 和 λ 取不同值时模型的预测结果对比。

表 4-7　非等分论域划分的广义模型预测结果对比

时间(年)	真实值	模型 1	模型 2	模型 3	模型 4	模型 5	模型 6	模型 7	模型 8
1971	13055	—	—	—	—	—	—	—	—
1972	13563	14109	14075	14000	13833	13853	13853	13715	13715

（续表）

时间（年）	真实值	模型 1	模型 2	模型 3	模型 4	模型 5	模型 6	模型 7	模型 8
1973	13867	14177	14227	14177	14291	14480	14480	14218	14218
1974	14696	14228	14340	14328	14422	14480	14480	14480	14480
1975	15460	15500	15500	15500	15500	15318	15221	15530	15407
1976	15311	15480	15453	15485	15512	15819	15571	15444	15358
1977	15603	15406	15414	15426	15489	15765	15540	15530	15407
1978	15861	16000	15886	15885	15797	16280	16396	16280	16434
1979	16807	16000	15924	16371	16382	16280	16406	16280	16434
1980	16919	17124	17077	17124	17077	16673	16584	16712	16720
1981	16388	17149	17105	17149	17105	16677	16597	16712	16720
1982	15433	16339	16287	16147	16107	15318	15221	16294	16199
1983	15497	15467	15446	15474	15507	15808	15564	15447	15360
1984	15145	15499	15462	15499	15517	15837	15581	15438	15355
1985	15163	15323	15371	15323	15452	15724	15517	15530	15407
1986	15984	15332	15376	15432	15456	15727	15519	15530	15407
1987	16859	16000	15942	16019	15942	16363	16489	16280	16434
1988	18150	17135	17790	17535	17590	16975	17591	17712	17720
1989	18970	18325	18325	18325	18325	19128	19128	19128	19128
1990	19328	19245	19245	19245	19245	19128	19128	19128	19128
1991	19337	19000	19000	19000	19000	19128	19128	19128	19128
1992	18876	19000	19000	19000	19000	19128	19128	19128	19128
MSE	—	271031	222048	185673	179425	198870	116226	128208	115896
MAPE	—	2.5741	2.3188	2.1578	2.1099	2.3148	1.9132	1.8629	1.7947

表 4-7 中，模型 1 和模型 2 分别为 $p=2$ 时等分论域划分广义

Chen 模型和广义 Lee 模型的预测结果;模型 3 和模型 4 分别为 $\lambda=$ 0.35 时等分论域划分广义 Chen 模型和广义 Lee 模型的预测结果;模型 5 和模型 6 分别为 $p=2$ 时非等分论域划分广义 Chen 模型和广义 Lee 模型的预测结果;模型 7 和模型 8 分别为本节建立的模型在 $\lambda=$ 0.35 时非等分论域划分广义 Chen 模型和广义 Lee 模型的预测结果。

通过分析表 4-7 发现,非等分论域划分在改进的广义模型中取得了较好的预测结果,并且进一步验证了基于 λ-截集的广义模型具有更好的预测性能。

表 4-8　p 取不同值时加权广义 Chen 模型预测结果精度

误差指标	广义 Chen 模型						
	$p=1$	$p=2$	$p=3$	$p=4$	$p=5$	$p=6$	$p=7$
MSE	210217	198870	252579	255789	260988	263474	273442
MAPE	2.1547	2.3148	2.5466	2.5337	2.6232	2.6155	2.6183

表 4-9　p 取不同值时加权广义 Lee 模型预测结果精度

误差指标	广义 Lee 模型						
	$p=1$	$p=2$	$p=3$	$p=4$	$p=5$	$p=6$	$p=7$
MSE	124943	116226	141480	153841	156912	157896	162036
MAPE	1.8622	1.9132	2.0715	2.1475	2.1785	2.1475	2.1929

表 4-8 和表 4-9 分别列出了 p 取不同值时模型的预测精度,通过分析发现,p 取不同值时模型的预测精度不同,当 $p=2$ 时,模型的预测精度最高,这也说明了在广义模型中 p 值不宜选取得过大,p 值过大会产生一些冗余信息,降低模型的预测精度。同时,p 的取值也不能太小,否则会忽略掉一些次要因素,而这些次要因素在某种情况下也会对模型的预测精度产生重要影响。从图 4-4 也能发现,$p=2$ 时广义模型的预测值曲线更接近真实值。

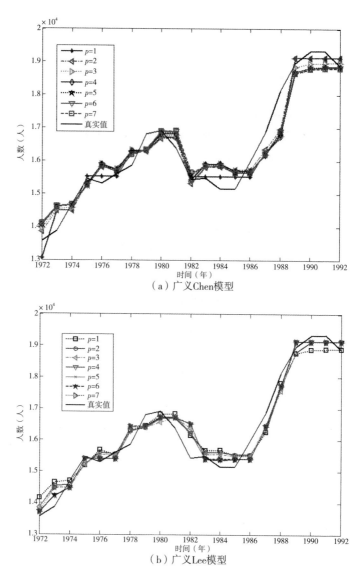

（a）广义Chen模型

（b）广义Lee模型

图 4-5 p 取不同值时广义模型预测结果

表 4 - 10 和表 4 - 11 分别列出了 λ 取不同值时广义 Chen 模型和广义 Lee 模型预测结果精度,通过分析发现,当 λ 取不同值时,模型的预测精度会发生变化,其结果如图 4 - 6 所示。

表 4 - 10　λ 取不同值时广义 Chen 模型预测结果精度

误差指标	广义 Chen 模型						
	$\lambda=0$	$\lambda=0.1$	$\lambda=0.2$	$\lambda=0.35$	$\lambda=0.45$	$\lambda=0.5$	$\lambda=1$
MSE	229221	201436	214621	128208	172233	175194	187188
MAPE	2.5768	2.4156	2.4812	1.8629	2.0137	2.0425	2.1322

表 4 - 11　λ 取不同值时广义 Lee 模型预测结果精度

误差指标	广义 Lee 模型						
	$\lambda=0$	$\lambda=0.1$	$\lambda=0.2$	$\lambda=0.35$	$\lambda=0.45$	$\lambda=0.5$	$\lambda=1$
MSE	181033	146674	159319	112052	144019	145198	157192
MAPE	2.3141	2.1155	2.1639	1.7754	1.8945	1.9113	2.0007

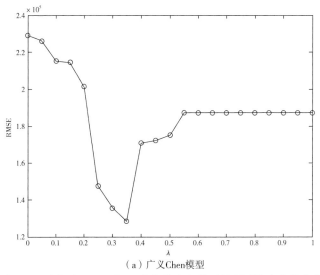

（a）广义 Chen 模型

图 4 - 6　步长为 0.05 时,λ-截集的广义模型的预测精度变化曲线

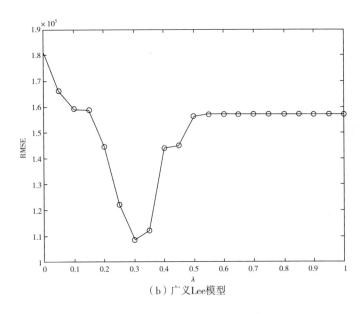

（b）广义Lee模型

图 4 - 6　步长为 0.05 时，λ -截集的广义模型的预测精度变化曲线（续）

通过图 4 - 6 可以发现，在广义 Chen 模型中，$\lambda = 0.35$ 时模型取得最好的预测精度；在广义 Lee 模型中，$\lambda = 0.3$ 时模型取得较好的预测精度。并且从中可以分析出，当 $\lambda = 0$ 时，两种模型将考虑样本数据对各个模糊集的隶属度信息，模型的预测精度最差，这是由于引入了过多的冗余信息，降低了模型的预测精度；当 $\lambda = 1$ 时，模型退化为只考虑观测样本对模糊集中最大隶属度所对应的模糊信息，虽然在一定程度上能够描述各个时刻之间的变化关系，但是某些对预测结果有影响的次要因素被忽略掉了，同样降低了模型的预测精度。

根据图 4 - 6 预测精度随 λ 的变化曲线，选取几个特殊的 λ，图 4 - 7 为不同 λ 取值时模型预测结果的对比图，从中也能发现在广义 Chen 模型中，$\lambda = 0.35$ 时模型的预测结果更接近真实值；在广义 Lee 模型中,λ＝0.3 时模型的预测结果更接近真实值。

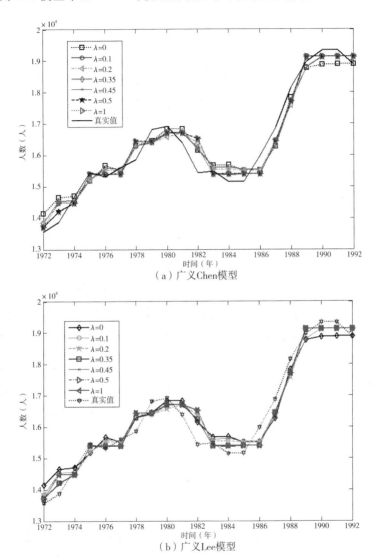

图 4-7　λ 取不同值时广义模型预测结果

第 5 章　基于直觉模糊化的广义
模糊时间序列预测方法

普通模糊集的隶属度比较单一,不能形象地反映信息介于肯定与否定之间的不确定性。为此,本章结合 IFS 理论的相关知识,建立了基于直觉模糊化的广义模糊时间序列预测模型。

本章主要内容的安排:5.1 节给出了直觉模糊时间序列的定义以及样本数据直觉模糊化的方法,并对其合理性进行证明,随后利用记分函数代替传统模糊化的隶属度函数,以此描述样本数据对模糊集的隶属情况;5.2 节和 5.3 节在 5.1 节的研究基础上,分别将直觉模糊化的结果应用到第 4 章建立的加权广义模型和 λ -截集的广义模型中去,并利用典型的实验数据对改进模型的可行性和有效性进行验证。

5.1　直觉模糊化

通过对 FTS 的分析发现,在样本数据模糊化过程中,仅利用隶属度函数来描述样本数据对模糊集的隶属程度。随着人们对事物认识的不断深入以及社会环境的复杂性、不确定性逐渐增强,在描述某种现象时,人们会出现一定程度上的犹豫,因此对事物的认识也更多地倾向于肯定、否定以及中立三种状态。直觉模糊集是对 Zadeh 教授提出的模糊集理论的扩展和补充,它通过增加一个非隶属度参数来形象地描述事物"非此非彼"的模糊特性,其相应的数学表达更加符合现实世界的模糊本质,为处理不确定性数据预测问题提供了新的研究思路。

首先,结合第 2 章 IFS 的性质以及模糊时间序列的定义对直觉模糊化后的时间序列模型重新定义。

定义 5.1　设论域 U 划分为 k 个语言变量 $U = \{u_1, u_2, \cdots, u_k\}$,$Y(t)$,$(t = 0, 1, 2, \cdots)$ 为论域 U 上的一个时间序列,则时间序列 $Y(t)$ 对各个直觉模糊集 A_i 可以用直觉模糊集 $F(t)$ 的隶属度和非隶属度 $\langle \mu_i(Y(t)), \gamma_i(Y(t)) \rangle$ 来表示,其中 $\mu_i(Y(t)), \gamma_i(Y(t)) \in [0, 1]$,$0 \leqslant \mu_i(Y(t)) + \gamma_i(Y(t)) \leqslant 1$,则称 $F(t)$ 是定义在 $Y(t)$ 上的直觉模糊时间序列:

$$F(t) = \frac{\langle \mu_1(Y(t)), \gamma_1(Y(t)) \rangle}{A_1} + \frac{\langle \mu_2(Y(t)), \gamma_2(Y(t)) \rangle}{A_2} + \cdots +$$

$$\frac{\langle \mu_k(Y(t)), \gamma_k(Y(t)) \rangle}{A_k} \qquad (5-1)$$

通过定义 5.1 发现,直觉模糊时间序列的数据集为 IFS,因此样本数据必须直觉模糊化。

定义 5.2　A 为有限论域 X 上的直觉模糊集,如果 A 为正规直觉模糊集,其满足下面三条性质:

$(1)\, 0 \leqslant \mu_A(x) \leqslant 1, 0 \leqslant \gamma_A(x) \leqslant 1$;

$(2)\, 0 \leqslant \mu_A(x) + \gamma_A(x) \leqslant 1, 0 \leqslant \pi_A(x) \leqslant 1$;

$(3)\, \mu_A(x) + \gamma_A(x) + \pi_A(x) = 1$。

从现有的有关样本数据直觉模糊化的研究来看,模糊统计法、三分法、二元对比排序法等方法都可以确定直觉模糊集的隶属度函数和非隶属度函数。在传统的 FTS 模型中,样本数据对每个模糊集的隶属度是依据距离原则确定的。为此,本章在样本数据直觉模糊化时,通过在隶属度函数和非隶属度函数中引入一个犹豫度因子来描述样本数据对模糊集的"非此非彼"性,以等分论域划分为例:

$$\langle \mu_j(x_i), \gamma_j(x_i) \rangle = \langle \max\{0, (1 - \frac{|x_i - m_j|}{2 \times l}) \times (1 - \delta)\},$$

$$\min\{1, (\frac{|x_i - m_j|}{2 \times l}) \times (1 - \delta)\} \rangle \quad (5-2)$$

其中,$\langle \mu_j(x_t), \gamma_j(x_t) \rangle$ 表示观测样本数据对第 j 个模糊集的隶属度和非隶属度,则 $\pi_j(x_t) = 1 - \gamma_j(x_t) - \mu_j(x_t) = \delta$,$\delta$ 为犹豫度因子,$0 \leqslant \delta \leqslant 1$。

定理 5.1 上述在隶属度和非隶属度函数中增加犹豫度因子 δ 的直觉模糊化结果为正规直觉模糊集。

证明:假设样本数据对某个模糊集的普通模糊化结果可以表示为 μ_i(隶属度),由普通模糊集的性质可知其相应的非隶属度为 $\gamma_i = 1 - \mu_i$,按照上述观测样本数据直觉模糊化的方法,在其隶属度函数和非隶属度函数中增加一个犹豫度因子 δ,$0 \leqslant \delta \leqslant 1$,则样本数据直觉模糊化的隶属度和非隶属度分别为 $\nu_i = (1 - \delta) \times \mu_i$ 和 $\eta_i = (1 - \delta) \times \gamma_i$,由此可以推得 $\pi_i = 1 - (1 - \delta)(\mu_i + \gamma_i)$,其中 $\mu_i + \gamma_i = 1$,所以 $\pi_i = \delta$。通过上面的分析可以很容易得出上述直觉模糊化的结果满足正规直觉模糊集的三个条件,定理 5.1 成立。

推论:当 $\delta=0$ 时, $\pi_i=0$,样本数据直觉模糊化退化为普通模糊化。

在传统的数据模糊化过程中,利用最大隶属度原则来确定样本数据所对应的模糊集,而在直觉模糊化过程中引入了非隶属度函数,并用直觉指数来描述数据的中立状态,极大地扩展了模糊集的表达能力,但是如何根据直觉模糊化的结果确定样本数据所对应的模糊集成为一个难点。在一般的直觉模糊变换中采用最多的为"∨(取大)""∧(取小)"运算,其特点是突出主要因素,忽略一些次要信息,也正是其丢失了一些信息,从而影响了模型的预测精度,使问题脱离实际。为此,本章在如何评判数据的隶属问题时,引入记分函数的概念,综合考虑直觉模糊集中支持、反对以及中立三者之间的关系,使评判结果更加合理。

文献[76-78]给出了大量有关记分函数的研究,其中李凡在文献[78]中给出了记分函数的一般形式,其他记分函数均为式(5-3)的特例。

$$L(A_i) = \theta_1 \mu_{A_i} + \theta_2 \gamma_{A_i} + \theta_3 \pi_{A_i} \qquad (5-3)$$

理论上讲,式(5-3)充分考虑了观测样本数据对模糊集的支持、反对以及中立三个方面的信息,是很好的结果,但 $\theta_1, \theta_2, \theta_3$ 三个系数的确定是一个难点,因此也制约了记分函数一般形式的推广应用。为了解决记分函数参数难以确定的问题,文献[78]给出了记分函数的特殊形式,并得到大量专家学者的认同。为此,本节采用式(5-4)为记分函数。

$$L(A_i) = \mu_{A_i} + \frac{1}{2}\pi_{A_i} \qquad (5-4)$$

式(5-4)的含义:在直觉指数描述的中立状态中,支持和反对的程度处于均衡水平,该方法操作简单方便、易于处理,为问题的解决提供了新的思路。当 $\pi_{A_i} = 0$ 时,记分函数就类似为普通模糊化对应的隶属度函数。

5.2　直觉模糊化的广义模糊时间序列

上一章对传统广义模糊时间序列模型进行了改进研究,详细介绍了广义模型的建模过程。本节在加权广义模糊时间序列预测模型的基础上,在样本数据的模糊化中增加了一个犹豫度因子,更加直观地刻画了数据"非此非彼"的模糊特性,建立了基于直觉模糊化的广义模糊时间序列预测模型,下面详细介绍本节基于直觉模糊化的广义模型的建模过程。

假设论域 U 划分为 k 个语言变量 $U = \{u_1, u_2, \cdots, u_k\}$,$t$ 时刻样本数据 x_t 对各个模糊子区间的直觉模糊化结果为 $\langle \mu_1(x_t), \gamma_1(x_t) \rangle, \langle \mu_2(x_t), \gamma_2(x_t) \rangle, \cdots, \langle \mu_k(x_t), \gamma_k(x_t) \rangle$,利用式(5-4)可以确定此样本数据对各个模糊集的分数为:$L(A_1(x_t)), L(A_2(x_t)), \cdots, L(A_k(x_t))$。同理,$t+1$ 时刻样本数据 x_{t+1} 的直觉模糊化结果为 $\langle \mu_1(x_{t+1}), \gamma_1(x_{t+1}) \rangle, \langle \mu_2(x_{t+1}), \gamma_2(x_{t+1}) \rangle, \cdots, \langle \mu_k(x_{t+1}), \gamma_k(x_{t+1}) \rangle$,对各个模糊集的分数是 $L(A_1(x_{t+1})), L(A_2(x_{t+1})), \cdots, L(A_k(x_{t+1}))$。依据样本数据直觉模糊化的结果,利用最高记分函数的方法来确定样本数据隶属于哪个模糊状态。通过上述数据的处理,重新定义直觉模糊化后的广义模糊时间序列模型的模糊逻辑关系,并建立相应的模糊关系矩阵。

定义 5.3　将 t 时刻和 $t+1$ 时刻样本数据对模糊集的记分函数值按照从大到小的顺序排列。假设 $L(A_i^t(t))$ 为 t 时刻观测样数据对各个模糊集的记分函数中排在第 l 位的记分函数值,其对应的模糊集为 A_i^l;同理,$L(A_j^p(t+1))$ 为 $t+1$ 时刻观测样本数据对各个模糊集的记分函数中排在第 p 位的记分函数值,其对应的模糊集为 A_j^p,则称 $A_i^l \rightarrow A_j^p$ 为 t 时刻第 l 层模糊状态到 $t+1$ 时刻第 p 层模糊状态之间的模糊逻辑关系,记为 $F(l,p)$。

通过分析发现,定义 5.3 对广义模糊逻辑关系的改进中,利用记分函数来代替普通模糊化的隶属度函数,但是记分函数包含了样本数据对模糊集的中立状态,更好地刻画了事物的模糊特性。为此,本节在第 4 章广义模型的基础上,利用记分函数对模型进行改进,其建模过程可以分为以下五个过程。

步骤 1:确定论域并划分论域。

根据数据的特点确定论域的范围,并依据问题分析的需要确定采用论域划分的方法:等分论域划分、非等分论域划分。

步骤 2:数据直觉模糊化,并依据观测样本数据直觉模糊化的结果确定样本数据对各个模糊集的记分函数。

依据实际问题和论域划分结果确定隶属度函数、非隶属度函数以及犹豫度因子 δ。利用直觉模糊化的结果以及记分函数,得到样本数据对各个模糊子集的记分函数值。

步骤 3:确定广义模型的阶数,对记分函数值做归一化处理。

步骤 4:依据记分函数值确定广义模糊逻辑关系。

步骤 5:预测及去模糊。

其中步骤 3 ～ 步骤 5 和第 4 章广义模糊时间序列模型的过程类似,只是用记分函数值代替普通模糊化中的隶属度值,因此这里不对步骤 3 ～ 步骤 5 做过多的赘述。

下面就用典型的 Alabama 大学 22 年的入学人数为实验数据,

按照直觉模糊化的广义模糊时间序列模型的建模过程对模型的有效性和可行性进行验证。

为简化模型的计算复杂度,本节论域划分采用等分论域划分,论域 $U = [13000, 20000]$ 等分成 7 个模糊子区间,每个区间的中心值分别为 13500,14500,15500,16500,17500,18500 和 19500,对应的子区间分别为 $u_1 = [13000, 14000]$, $u_2 = [14000, 15000]$, $u_3 = [15000, 16000]$, $u_4 = [16000, 17000]$, $u_5 = [17000, 18000]$, $u_6 = [18000, 19000]$, $u_7 = [19000, 20000]$。

假设 $\delta = 0.2$,利用式(5-2)对样本数据进行直觉模糊化处理,得到样本数据对每个模糊集的隶属度和非隶属度,其可以表示为:

$$F_{1971} = \frac{\langle 0.6620, 0.1780 \rangle}{u_1} + \frac{\langle 0.2220, 0.5780 \rangle}{u_2} + \frac{\langle 0,1 \rangle}{u_3} + \frac{\langle 0,1 \rangle}{u_4}$$

$$+ \frac{\langle 0,1 \rangle}{u_5} + \frac{\langle 0,1 \rangle}{u_6} + \frac{\langle 0,1 \rangle}{u_7}$$

$$F_{1972} = \frac{\langle 0.7748, 0.0252 \rangle}{u_1} + \frac{\langle 0.4252, 0.3748 \rangle}{u_2} + \frac{\langle 0.0252, 0.7748 \rangle}{u_3}$$

$$+ \frac{\langle 0,1 \rangle}{u_4} + \frac{\langle 0,1 \rangle}{u_5} + \frac{\langle 0,1 \rangle}{u_6} + \frac{\langle 0,1 \rangle}{u_7}$$

$$F_{1973} = \frac{\langle 0.6532, 0.1468 \rangle}{u_1} + \frac{\langle 0.5468, 0.2532 \rangle}{u_2} + \frac{\langle 0.1468, 0.6532 \rangle}{u_3}$$

$$+ \frac{\langle 0,1 \rangle}{u_4} + \frac{\langle 0,1 \rangle}{u_5} + \frac{\langle 0,1 \rangle}{u_6} + \frac{\langle 0,1 \rangle}{u_7}$$

$$F_{1991} = \frac{\langle 0,1 \rangle}{u_1} + \frac{\langle 0,1 \rangle}{u_2} + \frac{\langle 0,1 \rangle}{u_3} + \frac{\langle 0,1 \rangle}{u_4} + \frac{\langle 0.0652, 0.7348 \rangle}{u_5}$$

$$+ \frac{\langle 0.4652, 0.3348 \rangle}{u_6} + \frac{\langle 0.7348, 0.0652 \rangle}{u_7}$$

$$F_{1992} = \frac{\langle 0,1 \rangle}{u_1} + \frac{\langle 0,1 \rangle}{u_2} + \frac{\langle 0,1 \rangle}{u_3} + \frac{\langle 0,1 \rangle}{u_4} + \frac{\langle 0.2496, 0.5504 \rangle}{u_5}$$

$$+ \frac{\langle 0.6496, 0.1504 \rangle}{u_6} + \frac{\langle 0.5504, 0.2496 \rangle}{u_7}$$

依据样本数据的直觉模糊化结果,结合式(5-4)记分函数得到样本数据对各个模糊集的得分值,结果详见表5-1。

表 5-1　样本数据直觉模糊化的记分函数值

时间（年）	真实值	$L(A_1)$	$L(A_2)$	$L(A_3)$	$L(A_4)$	$L(A_5)$	$L(A_6)$	$L(A_7)$	直觉模糊化（$p=2$）
1971	13055	0.7220	0.3220	0	0	0	0	0	A_1, A_2
1972	13563	0.8748	0.5252	0.1252	0	0	0	0	A_1, A_2
1973	13867	0.7532	0.6468	0.2468	0	0	0	0	A_1, A_2
1974	14696	0.4216	0.8216	0.5784	0.1784	0	0	0	A_2, A_3
1975	15460	0.1160	0.5160	0.8840	0.4840	0	0	0	A_3, A_2
1976	15311	0.1756	0.5756	0.8244	0.4244	0	0	0	A_3, A_2
1977	15603	0	0.4588	0.8588	0.5412	0.1412	0	0	A_3, A_4
1978	15861	0	0.3556	0.7556	0.6444	0.2444	0	0	A_3, A_4
1979	16807	0	0	0.3772	0.7772	0.6228	0.2228	0	A_4, A_5
1980	16919	0	0	0.3324	0.7324	0.6676	0.2676	0	A_4, A_5
1981	16388	0	0.1448	0.5448	0.8552	0.4552	0	0	A_4, A_3
1982	15433	0.1268	0.5268	0.8732	0.4732	0	0	0	A_3, A_2
1983	15497	0.1012	0.5012	0.8988	0.4988	0	0	0	A_3, A_2
1984	15145	0.2420	0.6420	0.7580	0.3580	0	0	0	A_3, A_2
1985	15163	0.2348	0.6348	0.7652	0.3652	0	0	0	A_3, A_2
1986	15984	0	0.3064	0.7064	0.6936	0.2936	0	0	A_3, A_4

（续表）

时间 （年）	真实值	$L(A_1)$	$L(A_2)$	$L(A_3)$	$L(A_4)$	$L(A_5)$	$L(A_6)$	$L(A_7)$	直觉模糊化 （$p=2$）
1987	16859	0	0	0.3564	0.7564	0.6436	0.2436	0	A_4,A_5
1988	18150	0	0	0	0.2400	0.6400	0.7600	0.3600	A_6,A_5
1989	18970	0	0	0	0	0.3120	0.7120	0.6880	A_6,A_7
1990	19328	0	0	0	0	0.1688	0.5688	0.8312	A_7,A_6
1991	19337	0	0	0	0	0.1652	0.5652	0.8348	A_7,A_6
1992	18876	0	0	0	0	0.3496	0.7496	0.6504	A_6,A_7

为满足与普通模糊化的广义模糊时间序列模型对比分析的需要，假设 $p=2$，$\alpha=1$，依据表 5-1 中样本数据对各个模糊集的记分函数值，可以得到两个广义模糊逻辑关系组 $F(1,1)$ 和 $F(2,1)$。

（1）$F(1,1)$

$A_1 \rightarrow A_1$，$A_1 \rightarrow A_1$，$A_1 \rightarrow A_2$，$A_2 \rightarrow A_3$，$A_3 \rightarrow A_3$，$A_3 \rightarrow A_3$，$A_3 \rightarrow A_3$，$A_3 \rightarrow A_4$，$A_4 \rightarrow A_4$，$A_4 \rightarrow A_4$，$A_4 \rightarrow A_3$，$A_3 \rightarrow A_3$，$A_3 \rightarrow A_3$，$A_3 \rightarrow A_3$，$A_3 \rightarrow A_3$，$A_3 \rightarrow A_4$，$A_4 \rightarrow A_6$，$A_6 \rightarrow A_6$，$A_6 \rightarrow A_7$，$A_7 \rightarrow A_7$，$A_7 \rightarrow A_6$。

（2）$F(2,1)$

$A_2 \rightarrow A_1$，$A_2 \rightarrow A_1$，$A_2 \rightarrow A_2$，$A_3 \rightarrow A_3$，$A_2 \rightarrow A_3$，$A_2 \rightarrow A_3$，$A_4 \rightarrow A_3$，$A_4 \rightarrow A_4$，$A_5 \rightarrow A_4$，$A_5 \rightarrow A_4$，$A_4 \rightarrow A_3$，$A_2 \rightarrow A_3$，$A_2 \rightarrow A_3$，$A_2 \rightarrow A_3$，$A_2 \rightarrow A_3$，$A_4 \rightarrow A_4$，$A_5 \rightarrow A_6$，$A_5 \rightarrow A_6$，$A_7 \rightarrow A_7$，$A_6 \rightarrow A_7$，$A_6 \rightarrow A_6$。

依据上述最高记分函数值以及次高记分函数值对应的模糊逻辑关系集合 $F(1,1)$ 和 $F(2,1)$，分别应用 Chen 和 Lee 两种模型的

模糊逻辑关系矩阵的确定方法,得到相应的模糊逻辑关系矩阵为:

(1)Chen 模型模糊关系矩阵

$$\boldsymbol{R}_{\mathrm{C}}(1) = \begin{bmatrix} 1 & 1 & 0 & 0 & 0 & 0 & 0 \\ 0 & 0 & 1 & 0 & 0 & 0 & 0 \\ 0 & 0 & 1 & 1 & 0 & 0 & 0 \\ 0 & 0 & 1 & 1 & 0 & 1 & 0 \\ 0 & 0 & 0 & 0 & 0 & 0 & 0 \\ 0 & 0 & 0 & 0 & 0 & 1 & 1 \\ 0 & 0 & 0 & 0 & 0 & 1 & 1 \end{bmatrix}$$

$$\boldsymbol{R}_{\mathrm{C}}(2) = \begin{bmatrix} 0 & 0 & 0 & 0 & 0 & 0 & 0 \\ 1 & 1 & 1 & 0 & 0 & 0 & 0 \\ 0 & 0 & 1 & 0 & 0 & 0 & 0 \\ 0 & 0 & 1 & 1 & 0 & 0 & 0 \\ 0 & 0 & 0 & 1 & 0 & 1 & 0 \\ 0 & 0 & 0 & 0 & 0 & 1 & 1 \\ 0 & 0 & 0 & 0 & 0 & 0 & 1 \end{bmatrix}$$

(2)Lee 模型模糊关系矩阵

$$\boldsymbol{R}_{\mathrm{L}}(1) = \begin{bmatrix} 2 & 1 & 0 & 0 & 0 & 0 & 0 \\ 0 & 0 & 1 & 0 & 0 & 0 & 0 \\ 0 & 0 & 7 & 2 & 0 & 0 & 0 \\ 0 & 0 & 1 & 2 & 0 & 1 & 0 \\ 0 & 0 & 0 & 0 & 0 & 0 & 0 \\ 0 & 0 & 0 & 0 & 0 & 1 & 1 \\ 0 & 0 & 0 & 0 & 0 & 1 & 1 \end{bmatrix}$$

$$\boldsymbol{R}_{\mathrm{L}}(2) = \begin{bmatrix} 0 & 0 & 0 & 0 & 0 & 0 & 0 \\ 2 & 1 & 6 & 0 & 0 & 0 & 0 \\ 0 & 0 & 2 & 0 & 0 & 0 & 0 \\ 0 & 0 & 2 & 2 & 0 & 0 & 0 \\ 0 & 0 & 0 & 2 & 0 & 2 & 0 \\ 0 & 0 & 0 & 0 & 0 & 1 & 1 \\ 0 & 0 & 0 & 0 & 0 & 0 & 1 \end{bmatrix}$$

结合样本数据隶属于各个模糊子集的记分函数值以及需要考虑的记分函数值个数 p,分别利用式(4-2)和(4-3)对记分函数值进行标准化和归一化,并将归一化后观测样本的记分函数值向量作为预测值的权重。参照 Chen 和 Lee 提出的预测规则,利用式(4-4)分别求出第 p 大记分函数值对应模糊子集对下一时刻的预测值 $F_{\mathrm{val}}^{p}(t+1)$,然后采用式(4-5)求解出模型的最终预测结果。下面以 Chen 模型为例求解预测值,1971 年的入学人数对各个模糊集的记分函数值向量为(0.7220,0.3220,0,0,0,0,0),观测值对应的模糊集为 A_1 和 A_2,归一化后的记分函数值向量为(0.6916,0.3084,0,0,0,0,0),最高记分函数值对应的模糊子集为 A_1,其预测主要用到的模糊关系对应于 $\boldsymbol{R}_{\mathrm{C}}(1)$ 的第一行,此时的预测值 $F_{\mathrm{val}}^{1}(1972)$ 为 14000,次高记分函数值对应的模糊子集为 A_2,用到的主要模糊关系为 $\boldsymbol{R}_{\mathrm{C}}(2)$ 的第二行,此时的预测值 $F_{\mathrm{val}}^{2}(1972)$ 为 14500,则 1972 年的最终预测值为 $0.6916 \times 14000 + 0.3084 \times 14500 \approx 14154$。同理可以得到其他各年预测结果以及 Lee 模型的预测结果,表 5-2 为上一章广义模型在 $p=2,\alpha=1$ 时的预测结果和本节直觉模糊化的广义模型分别在 Chen 模型和 Lee 模型上应用的预测结

果,最后两行分别为对应模型的均方误差和平均百分比相对
误差。

表 5 - 2　$p=2,\alpha=1$ 时,广义模型预测结果对比

时间(年)	真实值	模型1	模型2	模型3	模型4	时间(年)	真实值	模型1	模型2	模型3	模型4
1971	13055	—	—	—	—	1983	15497	15467	15446	15436	15430
1972	13563	14109	14075	14154	14176	1984	15145	15499	15462	15463	15444
1973	13867	14177	14227	14188	14250	1985	15163	15323	15371	15312	15366
1974	14696	14228	14340	14231	14347	1986	15984	15332	15376	15320	15370
1975	15460	15500	15500	15500	15500	1987	16859	16000	15942	16123	16342
1976	15311	15480	15453	15447	15436	1988	18150	17135	17790	17540	17995
1977	15603	15406	15414	15383	15402	1989	18970	18325	18325	18314	18314
1978	15861	16000	15886	16000	15894	1990	19328	19245	19245	19246	19246
1979	16807	16000	15924	16000	15927	1991	19337	19000	19000	19000	19000
1980	16919	17124	17077	17130	17084	1992	18876	19000	19000	19000	19000
1981	16388	17149	17105	17151	17108	MSE	—	271031	222048	231402	194366
1982	15433	16339	16287	16314	16264	MAPE	—	2.5741	2.3188	2.4442	2.1904

表 5 - 2 中,模型 1 为 $p=2,\alpha=1$ 时的广义 Chen 模型;模型 2
为 $p=2,\alpha=1$ 时的广义 Lee 模型;模型 3 为 $p=2,\alpha=1$ 时的直觉
模糊化的广义 Chen 模型;模型 4 为 $p=2,\alpha=1$ 时的直觉模糊化的
广义 Lee 模型。

　　由表 5 - 2 的预测结果不难发现,直觉模糊化的样本数据能够更好地反映样本数据对各个模糊集的隶属情况,其对应预测结果的精度得到提升。另外,图 5 - 1 中,模型 3 和模型 4 的预测结果曲线更贴近真实值,尤其是 1987 年到 1989 年的预测精度更有了显著提升,进一步验证了本节建立的直觉模糊化的广义模糊时间序列预测模型的科学性和可行性。但是,从四种模型的均方误差、平均百分比相对误差可以看出,模型 3 和模型 4 的整体预测精度提升幅度不大,从图 5 - 1 预测结果整体走势曲线也可以发现,本节模型在一些点处的预测值并没有比传统广义模型的预测结果提高多少,这和样本数据对模糊集的犹豫程度有关。图 5 - 2 给出了选取不同犹豫度的情况下广义模型的预测精度变化曲线。

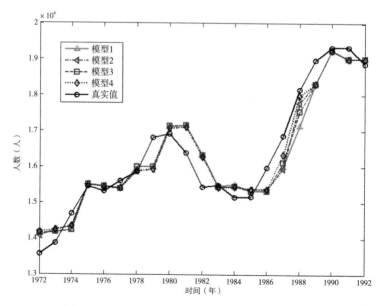

图 5 - 1　$p = 2, \alpha = 1$ 时四种广义模型预测结果对比

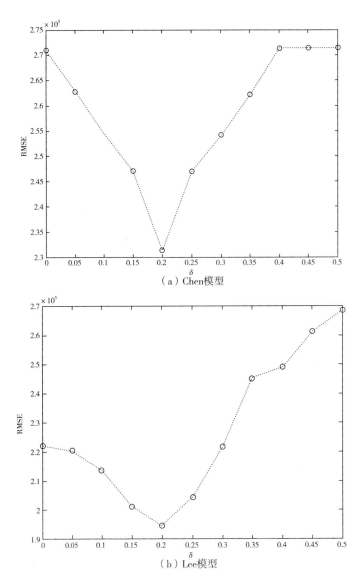

图 5-2　不同犹豫度情况下 Chen 模型和 Lee 模型预测精度变化曲线

表 5 - 3 和表 5 - 4 给出了选取几个特殊犹豫度的情况下 Chen 模型和 Lee 模型的预测精度变化情况。

表 5 - 3　不同犹豫度情况下广义 Chen 模型预测精度

δ	0	0.05	0.1	0.15	0.2	0.25	0.3	0.35	0.4	0.45	0.5
MSE	271031	262852	254489	247119	231402	246970	254151	262290	271391	271420	271492
MAPE	2.5741	2.5564	2.5306	2.5048	2.4442	2.5056	2.5321	2.5586	2.585	2.5851	2.5852

表 5 - 4　不同犹豫度情况下广义 Lee 模型预测精度

δ	0	0.05	0.1	0.15	0.2	0.25	0.3	0.35	0.4	0.45	0.5
MSE	222048	220437	213520	201133	194367	204210	221777	245223	249214	261285	268808
MAPE	2.3188	2.3184	2.3145	2.2397	2.1904	2.2714	2.3661	2.4757	2.4482	2.5078	2.5413

分析图 5 - 2、表 5 - 3 和表 5 - 4 可知,犹豫度因子的选取影响着模型的预测精度,当 $\delta = 0.2$ 时,本节建立的模型取得了最好的预测结果。虽然直觉模糊化的广义模型的可行性和有效性得到验证,但是通过分析发现,模型精度提高得并不是很明显,这是由于人们对事物认识得越深入,样本数据对模糊集的隶属情况会越来越明确,所以犹豫度的选取不会太大;另外,式(5 - 4)指出,在犹豫度所表达的样本数据对模糊集的中立状态中,支持和反对的程度一样,虽然在一定程度描述了样本数据"非此非彼"的模糊状态,但式(5 - 4)的处理方式使得普通模糊化的隶属度和直觉模糊化的记分函数相差无几,因此直觉模糊化的广义模型的预测精度提升幅度不是很大。

5.3　基于直觉模糊化 λ-截集的
广义模糊时间序列预测方法

　　上一节建立了基于直觉模糊化的广义模糊时间序列模型,和传统广义模型存在的问题类似,其模型的阶数由人主观确定。另外,对于直觉模糊化的样本数据,利用记分函数来代替普通模糊化的隶属度函数,当记分函数值偏小时,对应的模糊状态对模型的预测结果影响微乎其微,过多考虑反而会因为引入冗余信息降低模型的预测精度。为此,本节仿照第 4 章 4.3 节建立模型的思想,提出基于直觉模糊化 λ-截集的广义模糊时间序列模型。

　　截集是模糊集合和 Cantor 集合之间联系的纽带,而 IFS 又是对模糊集合的推广,因其引入了非隶属度函数,可以更加细腻地表述事物"非此非彼"的模糊特性,同时也使直觉模糊集截集的定义发生巨大的变化。

　　关于直觉模糊集截集的定义,不同的研究者给出了不同的方法。文献[55-56]利用 $[0,1]$ 内的两个参数 λ_1 和 λ_2 与直觉模糊集中隶属度和非隶属度进行比较,具体的定义方式详见本书定义 2.6。随着研究的不断深入,文献[56]指出直觉模糊集截集相当于两个二维向量之间进行比较,它们之间的关系不满足全序关系。为了更好地研究 IFS,本节按照 5.2 节记分函数的方法将直觉模糊集转化为普通模糊集,仍然用 $[0,1]$ 内的实数 $A=\langle\mu,\gamma\rangle$ 和记分函数值比较,以此定义 IFS 的截集。

　　定义 5.4　设 $A=\langle\mu,\gamma\rangle$ 为给定论域 X 上的直觉模糊集,λ 为给定的阈值,$\lambda\in[0,1]$,则对于 $x\in X$,$\mu_A(x)$ 和 $\gamma_A(x)$ 分别表述为 x

属于 A 的程度和不属于 A 的程度,利用式(5-4)可得 x 属于 A 的记分函数值为 $L(A(x))$,则相应的截集为:

$$A_\lambda = \{x \in X \mid L(A(x)) > \lambda\} \qquad (5-5)$$

定义 5.4 简化了定义 2.6 中直觉模糊集截集的计算复杂度,利用普通模糊集截集的方法反映了观测样本数据对模糊集的隶属情况。

依据样本数据直觉模糊化的结果,用记分函数代替普通模糊化中的隶属度函数来描述样本数据对模糊集的隶属情况,结合定义 5.4 对直觉模糊集截集的定义,建立基于直觉模糊化的 λ-截集的广义模糊时间序列预测模型。本节模型是在 4.3 节基于 λ-截集的广义模糊时间序列模型的基础上建立的,模型的主体框架没有发生改变,因此这里不对模型的预测过程进行过多的赘述。下面,本节在等分论域划分的基础上,利用 Alabama 大学入学注册人数来验证模型的有效性和科学性。

为了对比分析,假设犹豫度因子 $\delta=0.2$,阈值 $\lambda=0.45$,分别以 Chen 模型和 Lee 模型模糊逻辑关系的建立方法求解模型的预测值,并用均方误差和平均百分比相对误差来衡量模型的优劣。结果如表 5-5 所示。

表 5-5　直觉模糊化模型预测结果对比

时间(年)	真实值	模型 1	模型 2	模型 3	模型 4	模型 5	模型 6
1971	13055	—	—	—	—	—	—
1972	13563	14000	13833	14154	14176	14000	13833
1973	13867	14177	14291	14188	14250	14195	14338

（续表）

时间（年）	真实值	模型 1	模型 2	模型 3	模型 4	模型 5	模型 6
1974	14696	14328	14422	14231	14347	14233	14436
1975	15460	15500	15500	15500	15500	15500	15500
1976	15311	15485	15512	15447	15436	15443	15494
1977	15603	15426	15489	15383	15402	15400	15477
1978	15861	15885	15797	16000	15894	16000	15926
1979	16807	16371	16382	16000	15927	16203	16445
1980	16919	17124	17077	17130	17084	17218	17183
1981	16388	17149	17105	17151	17108	17153	17110
1982	15433	16147	16107	16314	16264	16091	16054
1983	15497	15474	15507	15436	15430	15435	15491
1984	15145	15499	15517	15463	15444	15454	15498
1985	15163	15323	15452	15312	15366	15348	15457
1986	15984	15432	15456	15320	15370	15354	15460
1987	16859	16019	15942	16123	16342	16320	16343
1988	18150	17535	17590	17540	17995	17422	17588
1989	18970	18325	18325	18314	18314	18350	18350
1990	19328	19245	19245	19246	19246	19246	19246
1991	19337	19000	19000	19000	19000	19000	19000
1992	18876	19000	19000	19000	19000	19000	19000
MSE	—	185673	179425	231402	194366	187461	148354
MAPE	—	2.1578	2.1099	2.4442	2.1904	2.2493	1.9915

表 5-5 中,模型 1 和模型 2 分别为 4.3 节 $\lambda = 0.35$ 时的广义
Chen 模型和广义 Lee 模型的预测结果;模型 3 和模型 4 分别为 $p = 2$,
$\alpha = 1, \delta = 0.2$ 时的直觉模糊化的广义 Chen 模型和广义 Lee 模型的
预测结果;模型 5 和模型 6 分别为 $\delta = 0.2, \lambda = 0.45$ 时的直觉模糊化
的广义 Chen 模型和广义 Lee 模型的预测结果。各个模型的预测结
果如图 5-3 所示。

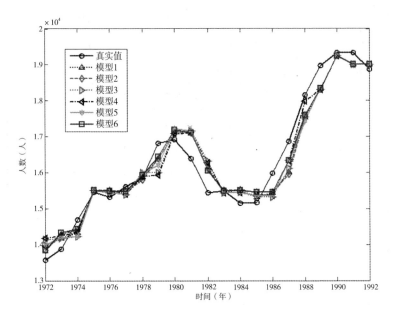

图 5-3　$\delta = 0.2, \lambda = 0.45$ 时,广义模型预测结果对比图

分析表 5-5 和图 5-3 可以知,本节直觉模糊化的 λ-截集的
广义模型比 4.3 节普通模糊化的 λ-截集的广义模型预测结果更加
贴近于真实值,直观表示了样本数据直觉模糊化可以更好地描述
样本数据对模糊集的隶属情况,更加细腻地刻画样本数据"非此非
彼"的模糊特性。另外,本节建立模型的预测精度比 5.2 节模型的

预测精度要高,这一对比结果表明,相比主观确定广义模型阶数而言,基于 λ-截集的模型有更好的预测精度,进一步指出通过阈值 λ 可以更加合理地遴选出对预测结果影响突出的模糊集。图 5-4 分别表示 $\delta=0.2$ 时,不同阈值 λ 的广义 Chen 模型和广义 Lee 模型的预测精度变化曲线。通过分析可以看出,当阈值 λ 不大时,广义模型要考虑的因素较多,模型的预测精度不高;随着阈值 λ 不断增加,对预测结果影响较大的因素逐渐凸显出来,模型的预测精度也不断提升;随着阈值 λ 继续增加,模型考虑的因素越来越少,在预测过程中对预测结果影响较大的次要因素被忽视,因此,模型的预测精度会再次逐渐变小。

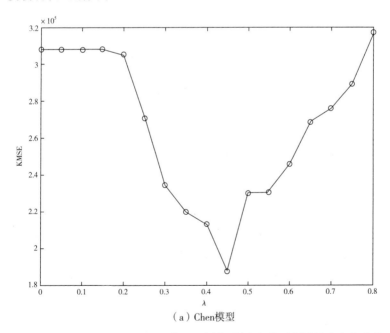

（a）Chen模型

图 5-4　犹豫度因子 $\delta=0.2$,阈值取不同值时,广义模型预测精度变化曲线

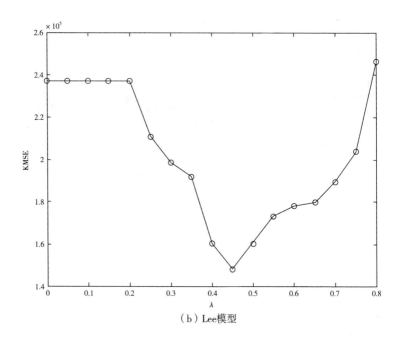

（b）Lee模型

图5-4 犹豫度因子 $\delta=0.2$，阈值取不同值时，广义模型预测精度变化曲线（续）

　　为了更好地刻画样本数据直觉模糊化中犹豫度因子对模型预测精度的影响，选取几个特殊的犹豫度因子对模型进行研究。在直觉模糊化过程中，犹豫度不可太大，犹豫度越大，说明样本数据对模糊集的隶属情况越不明确，这在实际问题处理中是不合理的。因此，下面给出了犹豫度因子 $\delta=0.1, 0.2, 0.3, 0.4, 0.5$ 时，直觉模糊化的 λ-截集的广义模型的预测精度变化曲线，如图5-5所示。

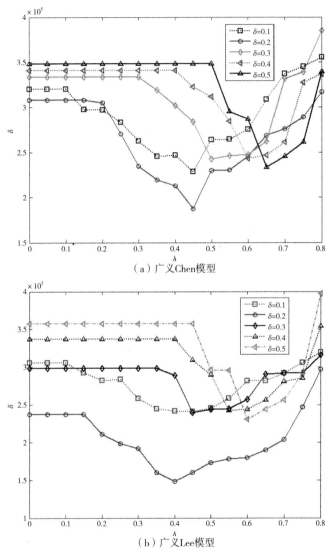

（a）广义Chen模型

（b）广义Lee模型

图 5 - 5　犹豫度因子 $\delta=0.1,0.2,0.3,0.4,0.5$ 时，

广义 Chen 模型和广义 Lee 模型预测精度变化曲线

通过分析图 5-5 中的曲线可以得出,犹豫度因子的大小影响模型的预测精度。当犹豫度很小时,样本数据对模糊集的中立状态得不到详尽的表述;而犹豫度很大时,样本数据对模糊集的隶属情况变得不明确,这和基于距离定义的隶属度函数的理念又是相悖的。

另外,图 5-5 也说明了,不同犹豫度因子情况下,模型分别在不同的阈值 λ 下取得最优值,并且随着 δ 的不断增大,取得最优值的阈值 λ 也不断增大。这表明样本数据对模糊集的中立状态对模型的预测结果影响较大,阈值 λ 的增大,可以遴选出对预测结果影响比较突出的因素,增强了模型的可解释性。

参 考 文 献

[1] GEORGE E P, Gwilym M J. Time series analysis: forecasting and control[M]. Holden Day,1976.

[2] ZADEH L A. Fuzzy set[J]. Information and Control, 1965,8:338 - 353.

[3] ZADEH L A. The concept of a linguistic variable and its application to approximate reasoning I[J]. Information Sciences, 1975,8:199 - 249.

[4] 钱冰冰. Type - 2 模糊系统在黄金价格预测中的应用[J]. 佳木斯大学学报(自然科学版),2007,25(3):397 - 399.

[5] 赵娟,江立辉. 旅游客流量预测的模糊时间序列模型[J]. 合肥学院学报(自然科学版),2014,24(4):26 - 32.

[6] 张韬,冯子健,杨维中,等. 模糊时间序列分析在肾综合征出血热发病率预测的应用初探[J]. 中国卫生统计,2011,28(2):146 - 149.

[7] SONG Q,CHISSOM B S. Forecasting enrollments with fuzzy time series Part I [J]. Fuzzy Set System,1993,54(1):1 - 9.

[8] SONG Q,CHISSOM B S. Forecasting enrollments with fuzzy time series Part Ⅱ[J]. Fuzzy Set System,1994,62(1):1 - 8.

[9] CHEN S M. Forecasting enrollments based on fuzzy time series[J]. Fuzzy Set and Systems,1996,81:311 - 319.

[10] HWANG J R, CHEN S M, LEE C H. Handing forecasting problems using fuzzy time series[J]. Fuzzy Set and Systems,1998,100:217 - 228.

[11] LEE M H, EFENDI R, ISMAIL Z. Modified weighted for enrollment forecasting based on fuzzy time series [J]. Matematika,2009, 25(1):67 - 78.

[12] HUARNG K H. Heuristic models of fuzzy time series for forecasting[J]. Fuzzy Sets and Systems,2001,123:369 - 386.

[13] HUARNG K H, YU H K. Ratio-based lengths of intervals to improve fuzzy time series forecasting [J]. IEEE Transactions on System, Man, and Cybernetics-Part B: Cybernetics,2006,36(2):328 - 340.

[14] YU H K. A refined fuzzy time-series model for forecasting[J]. Physica A: Statistical and Theoretical Physics, 2005,346:657 - 681.

[15] JILANI T A,BURNEY S M A. A refined fuzzy time series model for stock market forecasting[J]. Physics A,2008,387:2857 - 2862.

[16] 曲宏巍. 模糊时间序列模型相关理论研究[D]. 大连:大连海事学院,2012.

[17] 初莹莹. 模糊时间序列的多尺度算法[D]. 大连:大连海

事学院,2013.

[18] ALADAG C H, BASARAN M A, EGRIOGLU E, et al. Forecasting in high order fuzzy times series by using neural networks to define fuzzy relations [J]. Expert System with Applications,2009,36:4228 - 4231.

[19] EGRIOLGU E, ALADAG C H, YOLCU U, et al. A new approach based on artificial neural networks for high order multivariate fuzzy time series [J]. Expert System with Applications,2009,36:10589 - 10594.

[20] YOLCU U, EGRIOGLU E, USLU V R, et al. A new approach for determining the length of intervals for fuzzy time series [J]. Applied Soft Computing,2009,9(2):647 - 651.

[21] EGRIOGLU E, ALADAG C H, YOLCU U, et al. Fuzzy time series forecasting method based on Gustafson-Kessel fuzzy clustering [J]. Expert System with Applications, 2011, 38: 10355 -10357.

[22] CHEN S M, CHENG N Y. Forecasting enrollments using high-order fuzzy time series and genetic algorithms [J]. International Journal of Intelligent Systems,2006,21:485 - 501.

[23] CHEN T L, CHENG C H, TEOH H J. Fuzzy time series based on Fibonacci sequence for stock price forecasting [J]. Physica A,2007,380:377 - 390.

[24] CHENG C H, CHEN T L, WEI L Y. A hybrid model based on rough sets theory and genetic algorithms for stock price

forecasting[J]. Information Sciences,2010,180 :1610 - 1629.

[25] CHEN S M,WANG N Y,PAN J S. Forecasting enrollments using automatic clustering techniques and fuzzy logical relationships [J]. Expert System with Applications,2009,36:11070 - 11076.

[26] CHEN S M, TANUWIJAYA K. Multivariate fuzzy forecasting based on fuzzy time series and automatic clustering techniques [J]. Expert System with Applications, 2011, 38:10594 - 10605.

[27] 陈刚,曲宏巍. 一种新的模糊时间序列模型的预测方法[J]. 控制与决策,2013,28(1):105 - 108.

[28] 王国徽,姚俭. 基于 K - means 算法的模糊时间序列预测模型[J]. 应用泛函分析学报,2015,17(1):58 - 63.

[29] 王威娜,阚中勋. 基于模糊C-均值的模糊时间序列模型[J]. 吉林化工学院学报,2014,31(9):74 - 76.

[30] 邱望仁,刘晓东. 基于FCM的广义模糊时间序列模型[J]. 模糊系统与数学,2013,27(6):111 - 117.

[31] 蔺玉佩,杨一文. 基于模糊时间序列模型的股票市场预测[J]. 统计与决策,2010,8:34 - 37.

[32] 余文利,方建文,廖建平. 一种新的基于模糊C均值算法的模糊时间序列确定性预测模型[J]. 计算机工程与科学,2010,32(7):112 - 116.

[33] LI S T,CHENG Y C,LIN S Y. A FCM-based deterministic forecasting model for fuzzy time series[J]. Computers and Mathematics with Applications,2008,56:3052 - 3063.

［34］赵庆江,迟凯,付芳萍,等. 基于 FCM 的模糊时间序列模型及人民币汇率预测［C］. Proceeding of 29th Chinese Control Conference,Beijing,China,2010:5526-5529.

［35］王立柱,刘晓东. 基于信息颗粒和模糊聚类的时间序列分割［J］. 模糊系统与数学,2015,29(1):175-182.

［36］KUO I H. A improved method for forecasting enrollments based on fuzzy time series and particle swarm optimization［J］,Expert System with Applications,2009,36:6108-6117.

［37］高翔洁. 粒子群优化算法的改进及在模糊时间序列预测中的应用［D］. 西安:西安电子科技大学,2014.

［38］付芳萍. 基于信息熵及粒子群优化算法的模糊时间序列预测模型研究［D］. 昆明:昆明理工大学,2011.

［39］刘丑娟. 基于变参数粒子群的模糊时间序列模型的研究［D］. 大连:大连海事大学,2016.

［40］BAS E, USLU V R, YOLCU U, et al. A modified genetic algorithm for forecasting fuzzy time series ［J］. Appl Intell,2014,41:453-463.

［41］ATANASSOV K. Intuitionistic fuzzy sets［J］. Fuzzy Sets and Systems,1986,20(1):87-96.

［42］CASTILLO O,ALANIS A,GARCIA M,et al. An intuitionistic fuzzy system for times series analysis in plant monitoring and diagnosis［J］. Applied Soft Computing,2007,7(4):1227-1233.

［43］JOSHI B P,KUMAR S. Intuitionistic fuzzy sets based

method for fuzzy time series forecasting[J]. Cybernetics and Systems:An International Journal,2012,43(1):34 - 47.

[44] 黎昌珍,李瑞岚. 基于直觉模糊时变时间序列的预测方法[J]. 系统工程,2013,31(03):100 - 104.

[45] 郑寇全,雷英杰,王睿,等. 基于确定性转换的 IFTS 预测[J]. 应用科学学报,2013,31(2):204 - 211.

[46] 郑寇全,雷英杰,王睿,等. 基于矢量量化的长期 IFTS 预测模型[J]. 吉林大学学报(工学版),2014,44(3),795 - 800.

[47] 郑寇全,雷英杰,王睿,等. 直觉模糊时间序列建模及应用[J]. 控制与决策,2013,28(10):1525 - 1530.

[48] 李娜,雷英杰,郑寇全,等. 一种新的直觉模糊时间序列预测方法[J]. 计算机科学,2014,41(6):76 - 79.

[49] 王亚男,雷英杰,王毅,等. 基于直觉模糊推理的直觉模糊时间序列模型[J]. 系统工程与电子技术,2016,38(6):1332 - 1338.

[50] 王亚男,雷英杰,雷阳,等. 高阶直觉模糊时间序列预测模型[J]. 通信学报,2016,37(5):115 - 125.

[51] 邱望仁. 模糊时间序列模型理论及应用研究[M]. 天津:天津大学出版社,2013.

[52] 王庆林,杨志辉. 基于 GA 的广义模糊时间序列建模及其在旅游需求预测中的应用[J]. 江西科学,2015,33(5):635 - 641.

[53] 陈水利,李敬功,王向公. 模糊集理论及其应用[M]. 北京:科学出版社,2005.

[54] 罗承忠. 模糊集引论:上[M]. 北京:北京师范大学出版社,1989.

[55] 雷英杰,赵杰,贺正洪,等. 直觉模糊集理论及应用:上[M].北京:科学出版社,2014.

[56] 袁学海,李洪兴,孙凯彪. 直觉模糊集和区间值模糊集的截集、分解定理和表现定理[J]. 中国科学(F 辑:信息科学),2009,39(9):933-945.

[57] NIKNAM T, AMIRI B. An efficient hybrid approach based on PSO,ACO and K-means for cluster analysis[J]. Applied Soft Computing,2010,10:183-197.

[58] ELBELTAGI E, HEGAZY T, GRIERSON D. Comparison among five evolutionary-based optimization algorithm[J]. Advanced Engineering Informatics,2005,19(1):43-53.

[59] MACQUEEN J. Some Methods for Classification and Analysis of Multivariate Observations [C]. Proceedings of the 5th Berkeley Symposium on mathematics Statistic Problem,1967:281-297.

[60] KENNEDY J,EBERHART R C. Particle Swarm Optimization[C]. Proc of IEEE Internal Conference on Neural Networks. Perth:IEEE,1995:1942-1948.

[61] 汪定伟,王俊伟,王洪峰,等. 智能优化方法[M]. 北京:高等教育出版社,2015.

[62] YOUNUS Z S, MOHAMAD D. Content-based image retrieval using PSO and k-means clustering algorithm [J]. Arab J Geosci,2015,8:6211-6224.

[63] 徐辉,李石君. 一种整合粒子群优化和K-均值的数据聚类算法[J]. 山西大学学报,2011,34(4):518-523.

[64] 孙洋,罗可.基于该粒子群算法的聚类算法[J].计算机工程与应用,2009,45(33):132-134.

[65] 刘靖明,韩丽川,候立文.基于粒子群的 K 均值聚类算法[J].系统工程理论与实践,2005,6:54-58.

[66] JONES P D, LISTER D H. The influence of the circulation on of the circulation on surface temperature and precipitation patterns over Europe[J]. Climate of the Past,2009,5:259-267.

[67] BRANDS S, TABOADA J J, COFINO A S. Satistical downscaling of daily temperatures in the northwestern Iberian Peninsula from general circulation models:validation and future scenarios[J]. Climate Research,2011,48:163-176.

[68] 毛炜峰,陈鹏翔,白素琴,等.增暖趋势对新疆冬季气温预测效果的影响[J].干旱地区研究,2014,31(5):882-890.

[69] ZHANG X W, TAN S W, LIN G J. Development of an ambient air temperature prediction model [J].Energy and Buildings,2014,73:166-170.

[70] 曹智丽.日气温和干旱指数支持向量回归预测方法[D].南京:南京信息工程大学,2015.

[71] QIU W R. Forecasting in time series based on generalized fuzzy logical relationship[J]. ICIC,2010,4(5):1431-1438.

[72] 王庆林.基于 GA 的广义模糊时间序列建模及其应用研究[D].上海:华东理工大学,2016.

[73] 侯世旺,朱慧明.基于模糊统计的不确定质量特性控制

图研究[J]. 统计与决策,2016,16(6):25 - 28.

[74] 雷阳,华继学,殷红燕,等. 基于三分法的 IFS 非隶属度函数的确定方法[J]. 计算机科学,2009,36(1):128 - 130.

[75] 芮延年,付戈雁. 现代可靠性设计[M]. 北京:国防工业出版社,2007.

[76] HONG D H,CHOI C H. Multi-criteria fuzzy decision-making problems based on vague theory[J]. Fuzzy Sets and Systems,2000,114:103 - 113.

[77] 刘文华. 直觉模糊与区间值模糊环境下的多准则决策与推理算法[D]. 济南:山东大学,2005.

[78] 李凡,吕泽华,蔡立晶. 基于 Fuzzy 集的 Vague 集的模糊熵[J]. 华中科技大学学报,2003,31(1):1 - 3.

责任编辑 / 张择瑞　汪　钵

封面设计 / 徐　霞

模糊时间序列
预测方法及其应用

更多个性服务，尽在微信平台
请扫二维码或查找 hfutpress

ISBN 978-7-5650-4931-6

定价：20.00元